AF554091

Titel

Das neue Verständnis der physikalischen Materie-Formation

von J. Willi Oberaht,

Ausgabe 3 in Deutsch mit Ergänzungen aufbauend auf:

ISBN 9781986493338 Ausgabe 1 in Englisch,
ISBN 978 1717136992 Ausgabe 2 in Deutsch

Inhaltsverzeichnis:

1. Vorwort

2. Der Impuls, die Quelle und die Übertragung

2.1 Die Durchdringung von Material Strukturen

2.2 Gitterstruktur und Dichteänderungen

2.3 Raum Zeit, Dichte Verschiebung und Kraft

2.4 Die schwache und starke Kraft

3. Strömungsfeld- Raum und Abstoßung

3.1 Der Strömungsfeld- Raum, Emitter, Zusammensetzung

3.2 Dunkle Energie, Turbulenzen, Licht und elektromagnetische Effekte

3.3 Austretende Mikro- und Makrostrukturen

3.4 Konglomerat und Extruder

3.5 „Big Bang“ und drehende Galaxien

3.6 Die zu beweisende Theorie

4. Zusammenfassung

5. Weitere Links und Literaturverweise

Titel

Das neue Verständnis der physikalischen Materie-Formation

von J. Willi Oberaht

1 Vorwort

Der folgende Text erläutert mehrere theoretische systematische Überlegungen aus dem größeren Rahmen der Astro- Physik und der Elektrotechnik. Es ist geplant eine Diskussion zu dem beschriebenen Thema anzuregen und in weiteren Ausgaben darzulegen. Die erste Version enthielt die Grundgedanken. Am Ende erhalten wir, wenn sich diese Neuordnung bestätigt, ein grundlegendes "Werk" für die physikalische Welt zur Formation der Materie und die Beziehungen zwischen den Raumsystemen.

Die Idee für diesen Text entstand beim Gedanken an eine Verbesserung der Impuls-Produktionseinheit [8] und der Kräfte am Spalt. Bei der Betätigung von

„Stellschrauben“ zur Verbesserung, stellt sich immer die Frage nach den wirklichen Zusammenhängen. Es bauten sich Zweifel an bestehenden Betrachtungsweisen zur Gravitation auf. Die Überlegung zum Impuls verwies den physikalischen Prozess der Welle auf eine nachgeordnete Position. Somit führte die Überlegung zur Zusammenführung der beiden bisher voneinander unabhängigen Quantenphysik (im Sinne einer Teilchenphysik) und Wellen Theorien. Die Wellenausbreitung wird als umweltabhängiges Ergebnis zu einem Impuls ausgelösten Ereignis angesehen.

Darüber hinaus wird das frühere Verständnis der Gravitation und der Anziehungskraft der Materie (Definition gem. der Schullehre: Gravitation oder Massenanziehung, die Kraft, die zwei oder mehrere Körper allein auf Grund ihrer schweren Masse aufeinander ausüben) durch einen neuen Ansatz eines Strömungsfeldes ersetzt werden.

Der gegensätzliche Ansatz zum Thema des Textes und die Erklärung, dass die Relativitätstheorie abgewandelt werden wird, fand Interesse in einer Kerngruppe. Allerdings wurden einige an wissenschaftliche Zeitschriften gesendete „Paper" abgelehnt. Einige wenige Individuen in etablierten wissenschaftlichen Kreisen haben bereits ihre Meinung zu diesem Thema abgegeben, wobei einige davon es vermieden, eine aktive Rolle zu übernehmen, um diese Ansicht weiter zu verbreiten.

Es fragt sich, welcher Vorteil ein solch neuer Schritt bringt. Derzeit gibt es unterschiedliche Theorien, die Teile der natürlichen sichtbaren Effekte erklären, aber Lücken hinterlassen, die nicht mit aktuellen Modell erklärt werden können. Dies deutet stark auf die Möglichkeit hin, dass diese Theorien nicht vollständig sind oder nur einen kleineren Teil des simulierten Naturereignisses reflektieren und damit nicht weiterführen.

Eine Erklärung, die die meisten der vorhandenen Einzelmodelle enthält, erhöht unsere Informationsbasis.

Nach der gewonnenen Erfahrung bringt uns das kombinierte Wissen leichter zu weiteren Einblicken und fehlenden verbesserten Beschreibungen. Danach ist eine umfassendere Theorie ein Muss!

Aus Parametern, die einfacher zu erhalten sind, kann ein Vorteil entstehen. Dies ist der Fall für den Zugriff auf z.B. eine Materialdichte, die analysiert werden muss.

Weitere Details bringen normalerweise ein Modell näher an die Realität heran. Die Möglichkeit, ein Modell zu ergänzen, um ein genaueres Detail zu gewinnen, ist ein weiterer Vorteil.

Diese aufgeführten Vorteile werden durch die folgende Theorie erfüllt. Eine Theorie muss durch Experimente validiert und kann weiter entwickelt werden. Dies ist der Ausgangspunkt dieser Publikation.

2. Der Impuls, die Quelle und die Übertragung

Jeder Energiewechsel erzeugt eine Verschiebung.

Diese Verschiebung hängt von der anfänglichen Quellenergie, ihrer Ausdehnung im Raum und der Art und Verteilung der Materie im Ausbreitungspfad ab.

Jeder Energiewechsel ist eine Verschiebung relativ zur tatsächlichen Position oder Bewegung und wird der Ausgangspunkt für ein Ereignis Namens Impuls. Viele dieser Impulse, in einer Sequenz oder zusammen mit einer Materialstruktur und möglicherweise mit einem transversalen Fluss kombiniert, bilden oder initiieren in Materie eine wellenförmige Verschiebung. Je nach auslösender Größenordnung der Verschiebung und umgebende Materie im Raum kann sich die wellenförmige Ausbreitung ergeben. Längliche und verbundene Elemente können sich, neben einer möglichen wiederkehrenden Impulsanregung, überschlagend ausbreiten und damit den wahrgenommen Effekt von Wellentälern und Wellenbergen hervorrufen.

Die anfängliche Impulsquelle ist möglicherweise nicht stark genug, um die Kernbindungskonstellation zu verändern und wirkt sich nicht auf die äußere Elementoberfläche aus. In diesem Fall ist die erforderliche Schwelle nicht erreicht. Größere Initial-verschiebungen und Raum-ausbreitungen beeinflussen mehr ihrer direkten Umwelt im Sinne einer Verdrängung. Diese Verdrängung erhält einen größeren Ausbreitungswiderstand. Die Wahrscheinlichkeit der Ausbreitung für kleinere (radiale) initiale Verschiebungen, wie z. B. Licht, in den homogenen Ausbreitungsmedien, ist höher, einen geringeren Widerstand durch die Umwelt in der Ausbreitungsrichtung zu erfahren und sich schneller auszubreiten. Durch das Hinzufügen von Querverschiebungen, bzw. spiralförmig, zeitlich abgestimmte umgebende Verschiebungen, in einem Ausbreitungskanal kann der Widerstand in der Ausbreitungsrichtung sogar auf Null eingestellt werden. Dies gilt für den Fall der Supraleitung. Analog ließe sich der Para- und Ferromagnetismus für die Strömungsfeldausbreitung betrachten. Demnach würde dieses sich im Inneren eines solchen Materials ungehinderter Ausbreiten als um das Material herum. Neben der bekannten Betrachtungsweise, dass sich die Materialelemente in „Strömungsfeldrichtung“ ausrichten, möglicherweise reflektiert werden bzw. die Materieposition einzelner Elemente sich ändert, ist der additive umgebende Drehimpuls z.B. eines einzelnen Elektrons entscheidend. Es handelt sich damit analog zur Supraleitung um eine widerstandslose bzw. widerstandsreduzierte Ausbreitung. Der Ausbreitungsweg wird im Idealfall vorab linearisiert und dem Hauptimpuls die Durchdringung zu erleichtern. Bestimmte Impulsausbreitungen bevorzugen äquivalente Ausbreitungsmedien, die von der anfänglichen Verschiebung und ihrem Charakter abhängen.

Entscheidend für den Ausbreitungswiderstand bei entgegengesetzter Ausbreitungsrichtung sind neben den Massenverhältnissen die Größenverhältnisse der mindestens zwei betroffenen Elemente.

Die Materie und die äußere Umwelt ist ein Medium für die Ausbreitung. Für einen kleineren Abstand zwischen den einzelnen Impuls Trägern/Kollisionen, bei gleicher anfänglichen Kraft, wird ein schwächerer Impuls benötigt. Die Beschreibung "Kleinerer Abstand" ist in Bezug auf direkt kontaktierenden Material Elemente, die verschiedenen molekularen/ atomaren Kerngrenzen und die räumlichen Abstände zwischen den einzelnen zu überbrückenden Materialien zu sehen. Wenn die Impuls Träger eng ausgerichtet sind und die anfängliche Verschiebung mit der notwendigen Anregung übereinstimmt, ist die Übertragung des Impulses schneller. Es kommt bei konstanten Umgebungsbedingungen zu keiner Ausbreitungswiderstandsänderung in Ausbreitungsrichtung. Eine dichte Anordnung von Impulsträgern öffnen eine schnellere Verbindung und eine höhere Anzahl von Impulsen Transfers pro Zeiteinheit (mit denselben bindenden Umgebungsbedingungen) im Vergleich zu einer lockeren Trägerstruktur. Die beobachtete schnellere Ausdehnung im Raum kann logisch mit dieser Annahme erklärt werden und könnte als Kondensations- Effekt visualisiert werden (vgl. [2]). Turbulenzen bilden einen Bereich des größeren Ausbreitungswiderstandes, oft zeigt der Raum Lichteffekte und langsamere

Transfers im Vergleich zu Orten mit schnelleren Ausbreitungen im Raum. Dies würde mit Einsteins Annahme der konstanten Lichtgeschwindigkeit im Vakuum für ruhende oder bewegte Beobachter übereinstimmen. Nicht in Strömungsfeldrichtung bewegte Beobachter würden im Vergleich zu den ruhenden, mehr Störungen/Turbulenzen im Ausbreitungsmedium erzeugen oder anders betrachtet, eine Änderung des Widerstandes in Ausbreitungsrichtung hervorrufen. Letztlich waren wir nicht in der Lage, eine bedeutende zusätzliche Beschleunigung zu jedem bewegten Lichtträger zu produzieren, den wir als Beweis für Einsteins Postulat heranziehen würden. Die definierte Geschwindigkeit c ist eine Ableitung aus der Impulsentstehung und dem als leer betrachteten Raum. Der Autor bezweifelt eine lineare Abhängigkeit zwischen der möglichen <u>Geschwindigkeitszunahme und der Widerstandsänderung</u>. Damit wäre das Einsteinsche Postulat eine Näherung unter der Vernachlässigung möglicher Terme höherer Ordnung. Diese führen schließlich zur Abweichung der Berechnungsergebnisse im Vergleich mit den Ergebnissen der klassischen Mechanik bei höheren Geschwindigkeiten. Auch lässt sich der Widerspruch zwischen der klassischen Mechanik und dem Elektromagnetismus auf die veränderte Ausbreitung durch eine Impulsübertragung bzw. dem Stoßprozess im Ausbreitungskanal zurückführen.

Der Annahme folgend, dass ein von einer Quelle erzeugter Impuls den gleichen "äußeren" Impuls erzeugen würde („äußeren“ bedeutet in diesem Zusammenhang außerhalb der Primärreaktion), würde die Annahme gelten, dass die Masse von zwei Fusionselementen oder anderen Quellen der Energieverschiebung multipliziert mit einem Faktor gleich der erzeugten Kraft über Reaktionszeit ist. Fügen wir auf beiden Termen dieser Gleichung die Entfernung hinzu, kann die bekannte Einstein-Gleichung extrahiert werden (einfaches zweidimensionales atomares Energieverteilungs- Parabel Modell).

Impuls (Fusion) = Impuls(trans) =>

$$F \cdot t \cdot \mathrm{s} = \mathrm{s} \cdot m(\mathrm{t2}) \cdot v(\mathrm{t2}) => \frac{s}{t} \cdot m(\mathrm{t2}) \cdot v(\mathrm{t2}) = \mathrm{w}$$

vergleiche $\mathrm{E} = \mathrm{m} \cdot c^2$

$v(t2)$= Geschwindigkeit der Reaktionselemente

(nicht immer Lichtgeschwindigkeit $c(t2)$),

t= Zeit der Verschmelzung,

F= Kraft

s = Abstand, bezüglich dem Reaktionsort,

w = Arbeit

$v(t2) \cdot p = Eg \qquad c(t2) \cdot p = Eg$

Bei mehreren Fusions- Elementen in einer Quelle gilt die Summe in Bezug auf die Zeit und Temperaturmessung.

$Eg = Quelle \sum c(t2) \cdot p$ n[Nm]

Eg= Energie austretend

(Absorption und Reflektionen vernachlässigt)

p= Impuls einer einzelnen Fusion,

n= Anzahl

Betrachtet man verschiedene Muster von verschiedenen elektromagnetischen Spektren die bereits gesammelt wurden, so erscheint es offensichtlich, dass wir den selben Effekt aus verschiedenen Perspektiven betrachten. Das Bindeglied zwischen der Quanten- und Wellentheorie ist der Impuls.

Das Huygens-Prinzip, das jeden Punkt einer Wellenfront als Ausgangspunkt einer neuen Welle definiert, kann durch Austausch des Wortes "Welle" auf den "Impuls" übertragen werden. Jeder ankommende Impuls wird Neue erzeugen, wenn er auf ein Element bzw. eine Raumänderung trifft.

Viele dieser Einzelquellen bilden die Ausbreitungs- Energie/Verschiebung wiederum als Impuls-Erzeuger (vgl. auch [4]).

Für alle diese Impulstransfers ist ein gewisser Querschnitt notwendig. Im Modell zur Impulsübertragung konnte die Plancksche Konstante als notwendiger Querschnitt für die Impulsübertragung interpretiert werden, der vom Elektronenquerschnitt abgeleitet ist. Diese Sichtweise würde das Plancksche Verständnis eines quantisierten/unterbrochenen Flusses erklären, da nur die beweglichen Elektronen zur effizienten Impulsübertragung zur Verfügung stehen. Elektronen werden in dieser Betrachtung als kugelförmige Materieelemente betrachtet. Die Oberfläche kann verschieden ausgeführt sein, z.B. mit Noppen, stachelförmig, glatt etc. In der bisherigen Sichtweise stoßen sich gleiche negative Ladungen ab. Dies ist im Einklang mit dem von Pauli definierte Prinzip. Gleichzeitig würde diese Vorgabe dazu führen, dass freie Elektronen immer gleich verteilt sein müssten, d.h. im gleichen Abstand voneinander zur Ruheposition oder zur stabilen Umlaufposition gelangen. Dies ist nicht der Fall.

Die Boltzmann-Konstante wäre vom Atom-Querschnitt abgeleitet. Daneben kann die Mischung von Dichteänderungen je nach Material in Bewegungsrichtung in homogene Modi aufgeteilt werden und sich jeweils kompensieren. Dipole, z.B. Tenside, können eine solche Gitterstruktur erzeugen und bilden damit eine Art Polarisationsfilter. Der Impuls wird entlang dieser Strukturen übertragen.

Das richtige Materialgemisch und die Strömung um und durch ein Konglomerat von Materie, produziert eine größere Kompression als eine Abstoßung der Materie. In einfacheren Worten – eine Strömung vorbei an unstrukturierter Materie produziert "Reibung" und eine Geschwindigkeitsreduktion. Dies führt zu einem Konglomerat (vgl. Abbildung 4). Diese Erklärung ersetzt die Vorstellung von der klassischen Anziehungskraft zwischen Materie.

2.1 Die Durchdringung von Materialstrukturen

Die aus dem Experiment mit einem Spalt bekannte Brechung kann auf die innere radiale Spitze des Atomkerns übertragen werden und zeigt die typischen „Kugeln“ als Schwingungswahrscheinlichkeiten. Die Wahrscheinlichkeit für die Ablenkung kann sich bei den Darstellungen eines elliptischen Rotationskerns unterscheiden. In der Kombination mit einer röhrenförmigen Zuleitung des das Material durchdringenden Elementes, kann der elliptische Rotationskern eine Vorzugsrichtung der Durchströmung erzeugen. Die Amplitude und die Richtung der Schwingungen hängen von der Material- Komplexität/ Struktur und der entsprechenden Schichttiefe ab. Darüber hinaus sind die üblichen Umgebungsbedingungen wie z.B. Temperatur und Strömungsfeld zu beachten. Mehr Kollisionen bilden Bereiche mit höheren Temperaturen und eine höhere Wahrscheinlichkeit für reduzierte Verschiebung/Ausbreitung (Vergleiche Richtung zu Brown'sche Bewegung).

Die Gitter/Kristallstruktur ist, je nach Temperatur, in Bewegung. Jeder Rand der Gitter/Kristallstruktur erzeugt Kollisionen mit passierten Elementen, z. B. Photonen und erzeugt die typischen Spalt Muster. Mit dieser Betrachtung kann das "Paradoxon" nach dem dritten Gesetz der Thermodynamik erklärt werden. Er sagt aus, dass der <u>absolute</u>

Nullpunkt der Temperatur nicht erreicht werden kann.

Am Nullpunkt Kelvin sollte alle Materie ruhen und die Entropie wäre Null für kristalline Objekte, aber nach dem dritten Hauptsatz würden wir eine Materie Bewegung am Nullpunkt registrieren (bisher wurde die Temperatur Null nicht erreicht). In einem Strömungsfeld gibt es eine Bewegung, die primär nicht im Bezug zur Temperatur steht. Eine Temperaturänderung ist eine Folge der am Betrachtungsort herrschenden Bewegung.

Heisenbergs Ergebnisse lassen sich in einen möglichen Schwingungsbereich und verteilte „Ladungen" transformieren, die zu einer Lawine in den Gitter/Kristall-Materialstrukturen führen könnten. Letztendlich ist die Impulsbeschreibung ein dynamischer Vorgang, wobei die Lokalisierung des momentan überschrittenen Ortes immer von der zeitlichen Auflösung abhängig ist. Zur Bestimmung in Ausbreitungsrichtung (z) ist idealerweise die Ausbreitung quer dazu (x,y) Null. Somit ist bei einer Geschwindigkeitsbestimmung in Ausbreitungsrichtung (z) die räumliche Ausbreitung (x,y) Null und andersherum. Zu beachten ist neben der zeitlichen Auflösung in der räumlichen Ausbreitung (x,y,z) auch der Sonderfall einer Bewegung auf der Stelle- einer Rotation (siehe Abbildung 1).

Abbildung 1: Eine inhomogene Kreiselform etwa aus einer Materialkette gebildet.

Der Querschnittbereich, der mit einer näherungsweise „Elektronenkugel" vergleichbar ist, der für eine Kollision notwendig ist, steht im Einklang wie zuvor erwähnt mit dem Planckschen Wirkungsquantum. Das Proton nähert sich mehr der Form eines Kreisel. Im Falle des inhomogenen Kreisels (Abbildung 1) sind, auf einer Ebene betrachtet, zwei nicht direkt verbundene Materiebestandteile auch verschränkt. Eine rotierender Kreisel kann seine

Hauptdrehrichtung durch einen ankommenden Aufprall/Impuls ändern. Dabei zeigt die Betrachtung der Oberseite/Spitze des Kreisel den größten Ausschlag.

Zwei Kreisel können wegen ihres Spins kaum verbunden werden. Protonen kann man sich mit einer solchen Spin vorstellen. Mit einem sehr großen Impuls bzw. Hitzezuführung können diese spinnenden Protonen miteinander kollidieren und damit ein neues Element mit sehr unterschiedlichen chemischen Eigenschaften bilden. Denkbar ist z.B. eine 180 Grad gedrehte Annäherung, welche eine Verringerung des Drehmomentums erzeugt, bevor der Kernabstand sich reduziert.

Die Rotation eines solchen Kreisels kann stabil sein, solange die Reibung des

Kontakt-Oberflächenelements kleiner ist als die strömende "antreibende"-Kraft. Alle anderen Strukturen werden als Neutronen verstanden, die in Relation zum Kreisel fixiert und an Ort und Stelle verbunden sind.

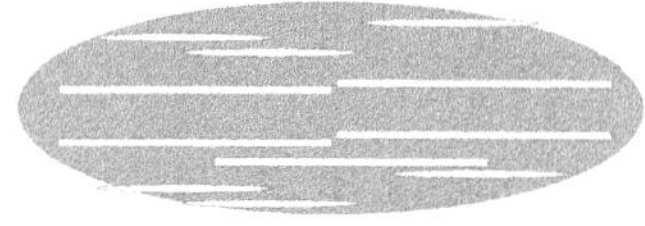

Abbildung 2: Protonenveränderung als drehbarer Ellipsoid mit Schrumpfungsfurchen

Somit ist eine Wandlung von einem rotierenden Proton zu einem beweglichen Neutron nachvollziehbar.

In diesem Text werden Kreisel in Beziehung zu Protonen gesetzt.

Vorzugsweise sind diese kugelförmige oder längliche Elemente in einer Kreisrotation. Gewöhnlich sind diese in der Materie eingebettet. Diese restliche verhältnismäßig stationäre Materie wird als Neutron bezeichnet. Diese Kreisel werde von Elektronen umgeben oder diese sind in der stationären Materie eingebettet bzw. aufgelegt. Durch Temperaturunterschiede entstandenen Furchen eignen sich bestens als Leitungskanäle, die bei einer entsprechenden äußeren Beaufschlagung eine entsprechende Vorzugsrichtung des Ellipsoides erzeugen.

Dieser Effekt wird in inneren Strukturen auch als Magnetisierung verstanden.

Das Komprimieren von Materialien führt zu den verteilten Veränderungen im "Rest" oder verschränkter Positionen. Es entsteht durch das Anhalten der Bewegung (Spin) z.B. Kollisionen, Licht, und zusätzlich zum erkennbaren "weißen" Rauschen Wärme. Auch führt das Reißen der verbundenen Luftmoleküle aufgrund der Erdrotation in gewissen Überschallgeschwindigkeitsregionen zu ständigen Geräuschen bzw. Impulsen. Die Geschwindigkeitsbestimmung erfolgt gewöhnlich anhand von Relativbewegungen vor einem „feststehenden" Hintergrund. Schwierig wird diese Art der Bestimmung, wenn der Hintergrund sich nicht konstant entgegengesetzt bewegt. Eine Überlegung, dass sich der Effekt der schweren Masse aus unterschiedlichen Rotationsschalen ergibt, endet bei der Suche nach der Begründung der Rotationsquelle.

Mittels der Weiterentwicklung des Gedankens einer Ausbreitung durch eine Verschiebung lässt sich „Wärme“ durch die Bewegung von mindestens zwei Elementen übertragen. Eine Richtungsänderung ist möglich, wenn mindestens zwei Kraftelemente wirken. (vergl. Drittes Newtonsches Gesetz). Zwei Elemente in Bewegung, im Zustand der Reibung, Kompression oder Kollision können, bis sie sich aufteilen, als ein Element, das die Gesamtgröße variiert, angesehen werden. Die Ausbreitungsimpulssequenz kann als Welle erkannt werden, die in der Wellenlänge variiert. Zeitlich und örtlich verschobene Impulse können eine periodische Schwingung im Raum/Material dazwischen erzeugen. Temperatur erhöhte Elemente haben eine größere Schwingungsamplitude.

Absorbierendes Material erwärmt sich, wie wir es z.B. im Inneren eines Steinplaneten wie die Erde messen. Für diese Elemente ist die Bindungskraft kleiner als bei Elementen mit geringer Amplitude/Oszillation. Der "längere" strukturierte Leitungspfad erhöht die Wahrscheinlichkeit für eine Durchdringung. Eine Diffusion als Konzentrationsausgleich unterliegt dem gleichen Effekt der Streungslinearisierung. Eine erhöhte bewegliche Materialkonzentration verteilt sich durch die einzelnen Impulsübertragungen und Reflektionen. Einzelne Materialelemente (z. B. Gas) und amorphe Schichten (z. B. Glas) transportieren die Bewegung weniger als in eine Gitterstruktur integrierte Elemente. Dichtere Gitterstrukturen (z. B. Metall) geben mehr materielle Elemente über direkte

Kollisionen an ihre Umwelt ab. Dies führt zu einem besseren Kühleffekt. Gestoppte Spins fungieren als Impulsquellen von Teilkernbausteinen bzw. Strahlung und starten damit eine erneute Ausbreitung und Kollisionen. Weniger Impulsbeaufschlagung und Kühlung stabilisiert die Materie Formierung.

Dieser Effekt ist von Hydrophoben und Hydrophilen Elementen bekannt. (vergleiche Abbildung 3).

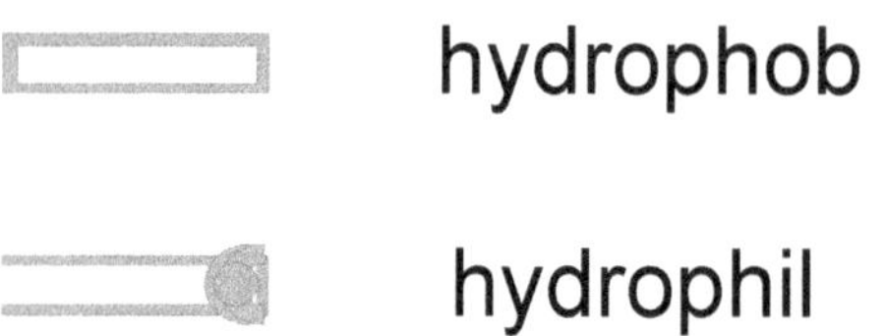

Abbildung 3: Vereinfachtes Beispiel einer geschlossenen hydrophoben Materialstruktur und einer halbseitig offenen hydrophilen Röhren/Kreisel Struktur.

2.2 Gitterstruktur und Dichteänderungen

Die Ausdehnung des Materials im Raum hängt vom Material selbst und der Temperatur ab.

Schneekristalle sind in der Regel nicht geschlossene Oberflächen. Mit einem Kondensationskern zwischen Dipolen bildet sich eine Zylinderform, die ihre Hauptrichtung in Richtung zum strömenden Feld ausrichten wird. Andere Dipole verbinden sich im maximalen Abstand zum gegenüberliegenden Dipol (in Strömungsrichtung oder orthogonal dazu). Der Winkel wird bei einer Reflexion an einer geeigneten Oberfläche weniger als 90 Grad betragen. Die herrschende Strömung wird durch Objekte bzw. Materie in der Nähe verändert. Aus diesen Bedingungen entstehen Formen. Ein Halbmond/ Mondsichel als Schnittmenge zweier Planetenoberflächen bilden abgerundete dreiecksähnliche Elemente.

Die Euler Funktion und der gespiegelten Abbildung (e hoch x oder auch Dichtefunktion der Exponentialverteilung genannt) entspricht dem „Kanal" zwischen zwei realen Planetenformausschnitten. Materie kann entsprechend sich in dieser Form ansammeln und ausbilden.

Auch ist die bewegte Materie, die aus sich im Strömungsfeld befindlichen Wasserelementen resultiert entsprechend gekrümmt. Durch den ständige Strömung entstehen zudem Formen die als Erosionsform angesehen werden. Eine Reflektion von dreieckigen Strukturen an diesen gekrümmten „Spiegelelementen“, bildet den gut erkennbaren sechseckigen Kristall, wenn die zu bildende Struktur im Verhältnis klein gegen die Reflektionsstruktur ist und damit als Gerade wirkt. Gleichzeitig dient eine solche nach innen gekrümmte Reflektionsebene auch als Grundstruktur zur Kugelbildung. Teile dieser können auch durch eine schräg einfallende Strömung in eine Röhre oder einen Ring entstehen. Eine in einer Schicht kreisförmig oder spiralförmige rotierende Masseströmung bildet gleichzeitig immer eine Reflektionsfläche zur Erzeugung einer kugelförmigen Struktur. Aus sich schneidenden Austrittslinien, die ihre

Quelle verlassen (siehe Abbildung 7) entstehen schärfere Strukturen etc.

Analog zu den oben erwähnten Röhren lagert sich auch um rotierende kugelförmige Kerne Materie an. Dabei können zwei gegenläufige "Rotationskugeln" umschlossen werden. Eine längliche Verzerrung dieser Struktur, möglicherweise in zwei orthogonalen Richtungen, ergibt eine häufig vorkommende Materialstruktur.

Aufbrechende Strukturen vor einer Quelle bilden andere Formationen (siehe Abbildung 10).

Wir registrieren mehr als eine Richtung des Strömungsfeldes. Mehrere Hauptrichtungen werden auf oder neben der Erde beobachtet. Fünf lassen sich gut z.B. aus Schneekristallen erkennen. Auch in traditionellen Symbolen wie z.B. das zum Lateinischen Kreuz schräg erweiterte Kreuzsymbol des Byzantinischen bzw. Russischen Kreuzes, könnte dies in einer weiteren Auslegung den Strömungsrichtungen, zur bekannten Höllen- und Himmelssymbolik zugeordnet werden. Zellanordnungen von Pflanzen und Lebewesen weisen in einigen Beispielen ähnliche Anordnungen auf.

So genannte Gravitationswellen sind, entsprechend der oben erklärten Theorie, Dichte Änderungen im Raum, die durch die Kettenreaktion der primären Verschiebung und des Impulses verursacht werden. Die Veränderung ergibt sich aus „weiten" Kollisionen die ein sich ausbreitender Impuls verursacht (vgl. auch [7] Gravitationswellen). Die Trennung zwischen „weiten" Kollisionen und „engen" Kollisionen ist für die weiten Kollisionen eine Überbrückung eines Raumes außerhalb der Kernbindungskräfte und für die zweite Form ein direkter Kontakt der Kollisionspartner.

Eine Längs- Vorwärtsbewegung (longitudinal) einer länglichen Materiestruktur, die eine Drehung erhält, kann in einer zweidimensionalen Projektion als Sinus-Kosinus-Form erkannt werden. Mit anderen Worten ist die zuvor beschriebene bekannte periodische Schwingung eine Längsbewegung/ Ausbreitung einer Kreisbewegung einem Oberflächenpunkt folgend.

Die sich ausbreitende Wellenbewegung, die durch eine äußere Verdichtungskraft/-Impulse eingeleitet wird, wird sich, je nach dem einzelnen

Ausbreitungskanal, z.B. im Material, verbreiten. Andere Verschiebungen verbreiten sich besser um Material herum. Es ist anzunehmen, dass die definierten Gravitationswellen einer niederfrequenten Welle ähneln, sich durch weite Kollisionen ausbreiten, auch reflektiert werden und gegebenenfalls Strukturen bei geeigneter geometrischer Konstellation zu höherfrequenten bzw. hörbaren Schwingungen anregen können.

Monde können in ihrer Umlaufbahn beeinflusst werden. Die Änderung der Ekliptik wird als direkte Wirkung der Reflexionen z.B. aus der Oberflächenstruktur des zentralen Planeten betrachtet. Reflexionen in der vom menschlichen Sinne wahr-genommen Form der Lichtreflexionen scheinen ihre Höchstgeschwindigkeit im

Vakuum zu erreichen, aber kleinere komplexe Verschiebungen könnten theoretisch zu schnelleren Ausbreitungen führen. Dabei ist eine Anfangsbeschleunigung, eine kollisionsfreie Ausbreitung und eine sprunghafte Ausbreitung bzw. Verschiebung denkbar. Unter Berücksichtigung dieser Betrachtung können zwei Punkte im Raum, je nach Material/Struktur dazwischen, andere Verbindungen im Sinne der Ausbreitungsgeschwindigkeit erlangen. Dies würde der Theorie über so genannte Wurmlöcher folgen. Die Ausbreitungsgeschwindigkeit wird durch den Pfad und den Transferraum/die Materie beeinflusst (z.b. Röhren, Ringe einer anderen Dichte).

Der sich ausbreitende Impuls erzeugt Quanteneffekte (zwei überlagernde Zustände eines Atoms, vgl. auch [5]). Der Raum wird durch eine in Ausbreitungsrichtung als Gauß-Verteilung vorstellbare Ausbreitung beeinflusst, (in einer ersten Annäherung- besser eine "ein Kegel mit aufgesetzter Kugel", (vergleiche Abbildung 10)". Geringere Verschiebungen können mittig/längs der Ausbreitungslinie oder parallel zur Mitte der Hauptausbreitungsrichtung gemessen werden, die Beeinflussung kann als Verschränkung bezeichnet werden. Die Verschränkung sollte in Relation zur Materialverteilung und Entfernung stehen. Der Ausbreitungspfad hängt neben dem Ausbreitungsmedium von der Umgebung ab, von querenden Strömen und erweitert sich möglicherweise. Mit anderen Worten, der 3D-Pfad variiert und dies dauert mehr oder weniger Zeit in der gewählten Zeit Einteilung (Gleichung 1). Bell's Ansicht [6] der "fernen" Verschränkung oder nicht lokale Merkmale können mit dem gemeinsamen Strömungsfeld auch im entfernteren Raum (entfernt ist ein Einfluss, der von der Quelle weiter als der Wirkungsort entfernt ist, der in Lichtgeschwindigkeit erreichbar wäre, zu verstehen) erklärt werden.

Einsteins Raumkrümmung kann in direkte Beziehung zur Verteilung der Strömungsdichte gebracht werden, Kollisionen in der dichteren Sequenz und die Stärke des strömenden Feldes nimmt zu oder wird reduziert. Die dichtere Sequenz kann in 2D, z.B. mit geschlossenen Ringen im Raum, Stäben / Saiten oder Kugeln in einem dreidimensionalen Raum angenommen werden. Als Beispiel repräsentiert der Ring die dichtere oder komprimierte Materie. Wenn die Ringe nahe beieinander liegen und verbunden sind, springt die Verschiebung oder der Impuls von Ring zu Ring. Mit der richtigen Impulsstärke ist dieser Sprung schneller als das Bewegen aller einzelnen Materialelemente zwischen den dichter verbundenen Materialien ohne den eingefügten Ring. An anderer Literaturstelle werden die verteilten Verdichtungen gelegentlich in Verbindung mit dem multidimensionalen Raum gebracht. Hier nennen wir es Dichteänderungen. Jede bereits vorhandene Materialformation erzeugt eine Dichteänderung in der umgebenden Strömung.

Die Dichteänderung durch die Materialformation lässt sich aufgrund ihres Entstehungsprozess kategorisieren. Bekannt sind verschiedene Dichte-Stufen die sich z.B. mit Namen wie Gasplaneten, Planeten, weiße Zwerge, Neutronensterne und schwarze Löcher bezeichnet werden. Wobei in dieser Aufzählung die <u>Neutronensterne</u> als die dichteste Materieverteilung angesehen wird.

Wenn in einer Materieansammlung eine flüssige Füllung enthalten ist und diese möglicherweise zusätzlich mit einer abdeckenden Struktur versehen ist, gleichzeitig diese Materiestruktur eine Temperaturänderung erfährt, kann es in periodischen Abständen zu Materieaustritten mit unterschiedlicher

Dichte kommen. Durch die rotierende Komponeten sind diese zusätzlichen Dichteänderungen bzw. Verdrehungen unterworfen. Diese Thematik wird später im Kapitel 3.4 Konglomerat und Extruder noch einmal aufgegriffen.

2.3 Raum Zeit, Dichte Verschiebung und Kraft

Die Zeit wird als eine künstliche gewählte, aber prinzipiell beliebige Einteilung gesehen. Die Impulsverteilung und die dafür benötigte Zeit, wird als abhängig vom Weg, der von den Elementen/Materie genommen wird, angesehen. Erkannte Zeitunterschiede durch Messung der Zeit in bewegten Systemen werden mit den Unterschieden in den Bereichen Umgebung/Strömung, der Impulsübertragung und dem Austausch mit den Messgeräten erklärt. Es handelt sich nicht um einen veränderten Vorgang eines Zeitablaufes oder einer Veränderung eines leeren Raumes.

Eine einfache hyperbolische Beschreibung für die Dichteverschiebung und Kollisionsverzögerungen an einem Punkt in der Zeit oder dem numerischen Index kann die Folgende sein:

$$Z_{)} = (x+ds)^2 + (y+ds)^2 - (Z_{)}' * M^{-1})$$

(Gleichung 1)

$Z_{)}$ = Dichteverschiebung und Kollisionsverzögerungen

X = Ausbreitung in X Achsenrichtung

Y = Ausbreitung in y Achsenrichtung

$Z_{)}'$ = Die Änderung von $Z_{)}$ in Ausbreitungsrichtung

ds = Kollisionsweglänge orthogonal zur Ausbreitungsrichtung

M^{-1}= Materialzonenelement

Die Dichteverschiebung erzeugt neben den Dichteänderungen in dem direkten Ausbreitungspfad auch Veränderungen in der Umgebung. Dies erzeugt Reflexionen. Aufgrund der Reflexion wird die Dichteverschiebung geringer und die Ausbreitung wird reduziert. Die ankommende Verschiebung ist abhängig von der Akzeptanz in einem Verhältnis zwischen Absorption, Übertragung und Reflexion.

Dieser Logik folgend, kann der Strom nur dann eine Kraft entwickeln, wenn der Raum mit Teilchen gefüllt ist. Für eine erste einfache effektive Kraft Einschätzung kann eine Ableitung mittels der in der Luftfahrt üblichen Auftriebsberechnung durchgeführt werden. Die Kraft der Materie würde einer Viskosität des gefüllten Raumes folgen, multipliziert mit der Geschwindigkeit der Materie im Quadrat und multipliziert mit dem effektiven/beeinflussten Bereich. Dieser Bereich befindet sich vornehmlich an der Oberfläche, kann aber auch in tieferen Strukturen beeinflusst sein.

Es wird definiert:

$$F=p \cdot v^2 \cdot A\left[\frac{\mathrm{kg} \cdot m}{s^2}\right]$$

p= Dichte,

v= Geschwindigkeit der individuellen Materie,

A= Die betroffene Oberfläche.

Die Oberfläche kann sich erhöhen, wenn eine Eindringtiefe berücksichtigt wird. Die Verschiebung liefert den Impuls, der in Relation zur Kraft steht.

Die rückwirkenden Kräfte (FG) würden, ohne andere umgebende Massen, im Falle der nicht sich direkt anschließenden Massen, mithilfe der unterstützenden Schirmwirkung bzw. Strömungs-veränderung, die Abstände zwischen den Massen schließen (siehe Abbildung 4).

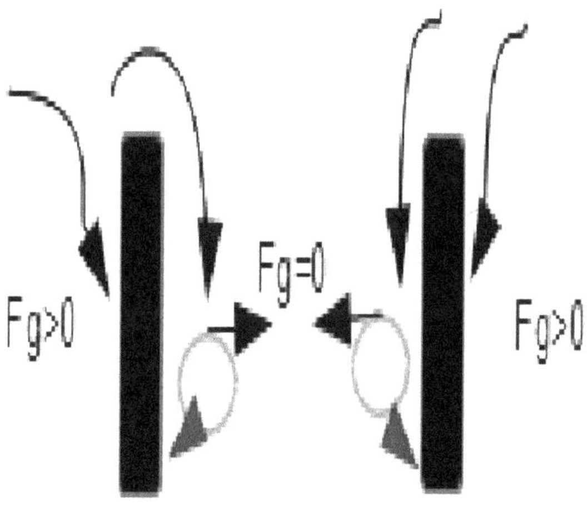

Abbildung 4: Massenkomprimierung

Die Komponenten der Kräfte, die sich gegenseitig aufheben, dämpfen oder absorbieren, vergrößern nicht den Abstand dazwischen. Andere komprimierend wirkende Kraft-komponenten deplatzieren bzw. verbinden atomare Strukturen, asymptotische Strömungskomponenten bilden die ersten annähernden bzw. verbindenden Kräfte (es wirkt die <u>Streuungslinearisierung</u> als Modell der sich ordnenden verbindenden Elemente). Temperaturänderungen können die Bildung des Konglomerat stark unterstützen.

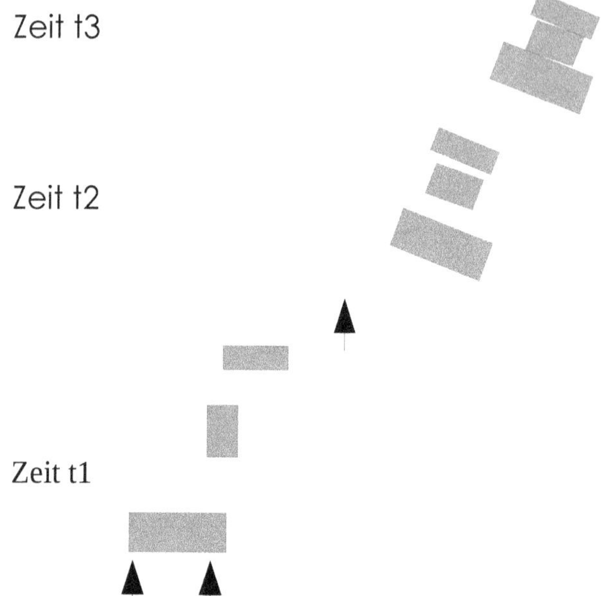

Abbildung 5: Frei bewegliche Materieelemente zu drei verschiedenen Zeitpunkten nach einer Impulsanregung als Beispiel für die Linearisierung in der Materieanordnung

2.4 Die schwache und starke Kraft

Seit vielen Jahren wird „The Grand Unified Theory" diskutiert. Die Einordnung der verschiedenen Größenordnungen der Kräfte, als schwache, starke Kernkräfte und der elektromagnetischen Kraft, gelingt mit dieser Betrachtung zur Materie Formation.

Materieformen im Strömungsfeld und die notwendige Kraft dazu, entwickeln sich wie bereits erläutert, aus der Sonne/Sterne-Aktivität (vgl. auch [1]).

Das Strömungsfeld wird dabei nicht als elektromagnetisches Feld im klassischen Sinne verstanden und auch nicht nur als der bekannte „Sonnenwind". Der Begriff stellt einen übergeordneten Namen, für alle Formen der Veränderung im Weltraum, dar. Das bekannte Vakuum wird nicht als leer angesehen, sondern als das untere Ende der heutigen Detektier- und Messauflösung.

Die schwächeren Kräfte können auf den ersten Blick nicht mit den starken Kräften verglichen werden, die in einigen Kernreaktionsprozessen sichtbar werden, dennoch ist der Mechanismus der Selbe.

Betrachtet man die Reaktion von starken Kernreaktionen, muss die Kraft oder spezifischer, das Materie Element beschleunigt werden, bevor die starke Reaktion stattfindet.

Eine mögliche Beschleunigungsvariante ist die in Abbildung 6 dargestellte. Dargestellt ist ein Kreisel der durch eine Strömung bzw. Einzelmaterieimpulse angetrieben wird. Dieser Kreisel verfügt über Verlängerungen, die bei einer gewissen Rotationsfrequenz aufgrund der umgebenden Materie, eine Kraftmoment- Verstärkung bewirken und sich ablösen.

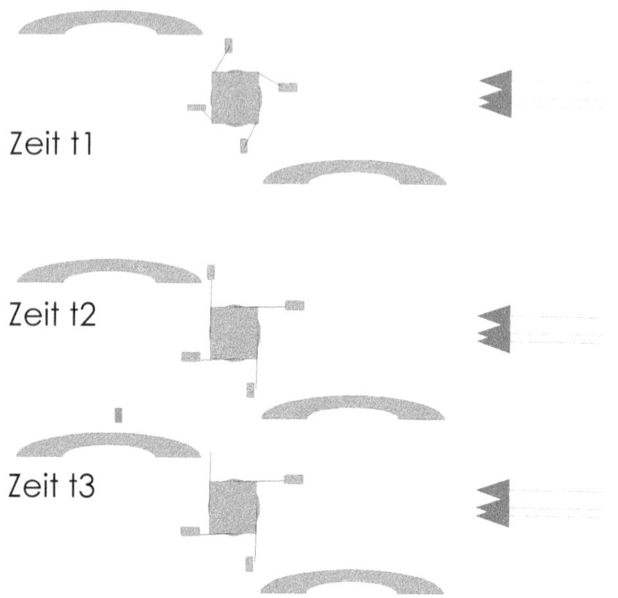

Abbildung 6: Schematische Darstellung zu verschiedenen Zeitpunkten einer Drehmomentverstärkung und Materieablösung

Für eine mittlere zusätzliche Kraftwirkung genügt bereits ein aus dem Gleichgewicht gebrachter ineinander geschachtelter Mehrfachkreisel.

Auch die elektromagnetischen Kräfte können mit unmittelbaren Impulsweitergaben als mittlere Kraftwirkung eingeordnet werden.

Eine stärkere ungebundene Vorbeschleunigung bzw. Zirkulation dient zur Differenzierung von der Reaktion einzelner Materieelemente als Kreisel oder Überbrückungsstrukturen, die dem Impuls Transfer dienen.

Diese Vorbeschleunigung wird, zusätzlich zur Rotationen um ihre eigene Achse, wie z.B. Kreisel dies erfahren, zugefügt. Im Fall des Kreisel ist die Rotation mehr oder weniger an die gleiche Position gebunden. Die Kreisel drehen und können durch einen entsprechenden Impuls den Winkel der Rotationsachse ändern, behalten aber die gleiche Position in Bezug auf die Materie. Diese

Anregung (Vorbeschleunigung) erstreckt sich von einem einfachen Impulsstoss der zu einer ellipsenförmigen Drehbahn führt bis zum einem durch den Impuls ausgelösten Verlassen der Drehposition oder einzelner Teilelemente.

Mittels der Vorbeschleunigung nimmt das rotierende Element eine ungebundene Flugbahn aus der vorherigen Position ein. Dies ist die Voraussetzung für die kräftige Reaktion. Die Rotationsgeschwindigkeit lediglich um die eigene Achse eines Materieelementes, verleiht durch die reduzierte Materialoberfläche (im Vergleich zu einer Material Kette) eine schwächere Beschleunigung (vgl. Formel 1). Der Temperatureinfluss und viele einzelne Impulsverschiebungen oder Hebel/Pendel- Effekte an einer Materialkette/Materialröhren bilden die Grundlage für die starken "freigesetzten

Rotationen" ("freigesetzten„ bedeutet, wie bereits erwähnt, ein Material, das nicht mit einer Materie-Position verbunden ist). Hebeleffekte sind sowohl mit einseitig fixierten, gleichmäßig oder ungleichmäßig verteilten Materialhebeln, als auch mit röhrenförmigen, evtl. einseitig erhitzten, drehenden Materialverteilungen naheliegend.

Die Flugbahn der vorbeschleunigten "freigegeben" Materie löst andere Rotationskörper aus ihrer Materieposition und führt im entsprechenden Fall zu einer Kettenreaktion. In diesem Fall ist es möglich, die starke Kraft (Energie) zu nutzen.

Kapitel Zusammenfassung:

Der Text erläutert, dass der sich ausbreitende Impuls, basierend auf einer Verschiebung, das Bindeglied zwischen der Quantentheorie und der Wellentheorie darstellt. Alle Raumelemente im Strömungsfeld, in der Umgebung der Impuls basierten Verschiebung, werden beeinflusst ("bewegt"). Bekannte wellenartige Erweiterungen können initiiert werden und beobachtet werden, z.B. in Aufnahmen von Interferenzmustern am Spalt. Die Verschränkung, die aus der Quantentheorie bekannt ist, versteht sich in Relation zur materiellen Verschiebung in oder entlang des Impuls-ausbreitungspfades und des Strömungsfeldes. Der Ausbreitungsweg und dessen Weite hängen von der Quelle der Materialverschiebung, dem

Ausbreitungsmedium, der Verschränkung, den Kollisionen und der Umgebung ab. Einsteins Raumkrümmung kann in direkte Beziehung zur Strömungsdichte gesetzt werden. Der Ausbreitungspfad mit seiner Impulscharakteristik ist für die Geschwindigkeitsdifferenz der Ausbreitung verantwortlich. Ein passierender ursprünglich gerader Strahl wird durch die genannten Eigenschaften gekrümmt. Das Strömungsfeld beantwortet Einsteins Frage nach der Quelle der nicht lokalen Eigenschaften. Die starken und schwachen Kräfte zwischen Materie können mit dem selben Strömungsfeld Effekt erklärt werden. Im ersten Fall werden einzelne Materie Elemente davon beeinflusst, im zweiten Fall rotierende freigesetzte Materie/ Ketten/Röhren/Hebel/Pendel, die möglicherweise wiederum eine Kettenreaktion auslösen können.

3 Strömungsfeld- Raum und Abstoßung

Dieses Kapitel gibt eine Erklärung des übergeordneten Effektes, der Gravitation genannt wurde und es wird die neue Sicht der Materie Bildung als meist nicht-symmetrische Theorie erläutert. Es wird eine inverse Perspektive eingeführt, in der Materie die Kraft nicht erzeugt oder den Raum/die Zeit biegt, sondern ein "störendes" Element in einer Strömungsfeld-Umgebung ist. „Die Störung" verändert die Strömung und damit die Formation und Anordnung der Materie.

Nach Kapitel 2 bilden eine Summe von Fusionen, Verschiebung und

Erweiterungen im Raum die Quelle für die Kraft, die auf Materie wirkt. Viele dieser grundlegenden Einzelquellen können als "Fusionsgenerator" gesehen werden und bilden die sich ausbreitende Verschiebung als Impuls-Quelle. Jeder Energiewechsel, wie z. B. eine Elektronenlawine, erzeugt eine Verschiebung. Diese Verschiebung hängt von der Ausgangsquelle ab und ist im Einklang mit der Raumausbreitung in und außerhalb von Materie. In Anbetracht Reflexionen (Abstoßung) aller astronomischen Änderungen, bildet sich ein Strömungsfeld oder -raum. Das Strömungsfeld ist inhomogen und kann viele Richtungen haben (Vergl. [3])- von größeren homogenisierten Richtungen der Strömung zum Gegenteil, aufgrund von lokalen Wirbeln. Die anfängliche

Geschwindigkeit der Impuls- Auslöser gilt als konstant, solange Sie "ungestört" ist.

3.1 Das Strömungsfeld- Raum, Emitter, Zusammensetzung

Unter der Annahme, dass das Strömungsfeld hauptsächlich durch emittierende Objekte erzeugt wird, z. B. die verschiedenen Sterne/Sonnen, "Pulsare" (meist teils offene Strukturen/oder teils von anderen Objekten verdeckt, rotierende emittierende Objekte, auch als emittierende schwarze Löcher, kann die Umweltveränderung mit weiten Kollisionen durch einen sich ausbreitenden Impuls im elektromagnetischen Spektrum, verursacht werden. Weite Kollisionen überbrücken einen Raum außerhalb der Kern Bindungskräfte. Kollisionen, die in der Lage sind, eine Hülle zu bewegen, transportieren einen Impuls schneller. Der innere Bezirk der geschlossenen Sphäre würde einen nicht übereinstimmenden Widerstand bieten. Bei Emittern aus dem elektromagnetischen Spektrum kann davon ausgegangen werden, dass es sich um entladende Plasmaströme handelt. Einzelne Bezirke „laden“ sich durch ihre Bewegung „elektrostatisch“ auf und entladen sich zu einem Zeitpunkt. Zentrische oder dezentrale und asymmetrische Rotationen können die Verschiebung durch unregelmäßige Öffnungen in den äußeren Strukturen ausstrahlen.

3.2 Dunkle Energie, Turbulenzen, Licht und elektromagnetische Effekte

Fusionen erzeugen eine Verschiebung in Richtung der Reaktion, Strahlung und Elemente (z. B. Neutronen, ungleich verteiltes/ „geladenes“ Material) sind entsprechend entgegengesetzt gerichtet. Diese Verschiebungen (könnten in Teilen "dunkle Energie" genannt werden) können bei einer wiederholenden Frequenz, die durch einen Druckausgleich/ Resonanzen verursacht werden, den Eindruck von hin- und her-fliesenden Strömen erzeugen (möglicherweise wegen unsymmetrischen Rotationskernen). Die Materie wird für einige Zeit geschoben und nach dem Anhalten des Strahls oder des Stromes rückwärts, teils durch Reflexionen und andere kreuzende Ströme, verteilt. Größere Austrittsöffnungen in Kombination mit einer Rotation erzeugen weitere Ungleichverteilungen („Beams"). Rotierendes Material kann dabei nicht unbedingt als rund angesehen werden .

Abbildung 7: Abstrahlungsanordnung am Austritt einer Abstrahlungsquelle mit zusätzlich rotierenden länglichen Materialkomponenten zur Erklärung von feinen, sich kreuzenden Strahlen

Mit länglichen rotierenden Materialkomponenten und Kanten ergeben sich schmal begrenzte und möglicherweise gekreuzte Strahlen. So genannte "Schlieren" sind Orte größerer Turbulenzen und in Kombination mit der Rück- Bewegung erscheint der Eindruck von "Schlieren" auf einigen astronomischen Bildern. In dieser Turbulenz werden verschiedene (innere) Ansichten dieser Materialstrukturen („flockenartige“ -Stücke mit Elektronenmaterial) und ihrer transienten oder resonanten Aktivität sichtbar, ähnlich dem vorbeifließenden weißen Wasser nach einer von oben nicht sichtbaren Kante unter Wasser.

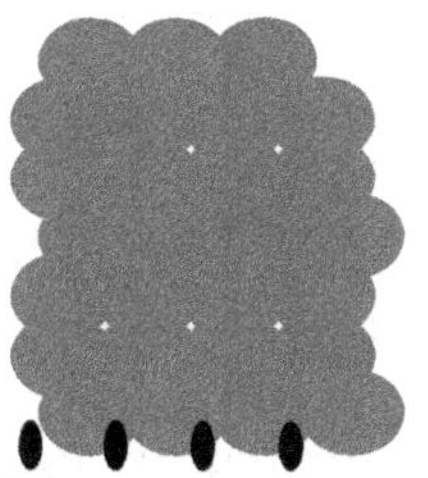

Abbildung 8: Eine Materialstruktur mit einer freigesetzten Isolierschicht mit "Elektronen"

Licht wird in Relation zu einer Entladung oder einer Auslenkung gesetzt. Die „Entladung“ ist eine in eine Richtung „geordnete“ Bewegung, welche dadurch erkennbar wird. Es fließt entsprechend der strömenden Richtung und erzeugt einen reflektierenden Impuls.

Es wird meistens durch eine Verschiebung erzeugt, die die Materialstruktur in Verbindung mit Elektronen erreicht. Die Elektronen können dabei wesentlich kleiner sein als die bisher bekannte Größe. Auslenkungen mehrerer Rotationskerne werden sichtbar und könnten indirekt dazu geführt haben, dass Photonen als masselose Erscheinung gedeutet wurden. Die Steigerung ist eine abrupte Änderung in der Ausbreitungsrichtung die die Struktur selbst erhält. Es scheint, dass die rotierenden Elektronen ihre stabile Lageposition verlieren und dadurch eine unkontrollierte, expandierende Lawine erzeugen. Gleichzeitig wird der Kern bzw. das Proton dadurch in der Gegenreaktion beeinflusst. Die Bewegung ist messbar in Form der Temperaturerhöhung. Es ist davon auszugehen, dass beim Eintreffen von mehreren „Lichtträgern“ bzw. Elektronenträgern es zu Kollisionen und Reflektionen kommt. Auch diese Bewegung führt zu einer Temperaturerhöhung mit dem entsprechenden für das menschliche Auge sichtbaren Leuchten. Die "Länge", besser die Variants des Trägers der "Entladung" steht im Einklang mit der produzierten Wellenlänge. Jede umgebende Materie, der Druck bzw. die mittlere freie Weglänge und damit die Ausdehnungsmöglichkeiten beeinflussen die Farbempfindung im menschlichen Auge. Wiederholende Zyklen wie eine Rotation einer gewellten Scheibe erzeugen die notwendige Zeitdauer und Verstärkung für den optischen Eindruck. Einige äußere Einflüsse wie z.B. eine Kollision, die durch eine Verschiebung erzeugt wird, lösen beim Überschreiten eines gewissen Grenzwertes eine Entladung aus.

Diese Entladung führt zu sogenannten Photonen (Lawinen-Entladung) auf/in einem Träger, diese könnten durch ihre neue Entstehung als zunächst ohne Masse beschrieben werden oder besser in der Gegenreaktion die lediglich zu einem Ausschlag der Struktur oder dem rotierenden Element führt. Letztendlich hat jedes Materieelement in diesem Model eine Masse. Die Perspektive eines Austauschteilchens passt in diese Sichtweise nur als zeitlich versetzter Vorgang. Eine Verschiebung von Elektronen führt zu einer gerichteten (Lawinen-Entladung) oder ungeordneten Elektronenbewegung die als Licht (Photonen) messbar oder sichtbar werden. Es ist eine für uns registrierbare

Verschiebung. Einzelne Elektronen können sich nach einer Ionisierung bzw. Ablösung frei durch den Raum bzw. Materie bewegen und an anderer Stelle weitere Elektronen oder Elektronenlawinen auslösen.

Als Träger für Elektronen ist es überzeugender sich, einzelne isolierende Schichten mit gleichmäßig oder ungleichmäßig verteilten rotierenden (vergleiche „geladenen“) Teilchen vorzustellen. Impulse können eine solche Schicht aufheben und ablösen (vgl. Abbildung 8). Die schwach verbundenen "Elektronen" /Partikel (oder ab einer bestimmen Energiezuführung) strömen in einem Raum oder auf eine gekrümmte Fläche ähnlich einer "Lawine". Das Strömen dieser Lawine oder das Bersten dieser dort befindlichen Kreisel wird durch einen Impulsprozess oder indirekt durch eine mechanische Konvergenz verursacht. Die drehenden "Kreisel" sind in ihrer Bewegung stark gestört und verlieren möglicherweise Teilmaterie. Die Temperatur erhöht sich. Die unterschiedlichen Verschiebungen (Wellenlängen), die unsere Augen als Licht registrieren, können sich aufgrund der "Streuungslinearisierung" wieder ausgleichen.

Eine Verschiebung in einer größeren/dickeren/dichteren
geordneten Struktur mit Kreisel weist durch die Reflektionen eine höhere Bewegungsrate auf und wird gleichzeitig durch die Stoßprozesse mehr gedämpft werden. Im Gesamten, als Schwingung, ergibt sich ein zusammenhängender optischer Eindruck. Es ergibt sich eine für

uns optische Verknüpfung des Lichteffektes und damit längerwelliges Licht wie z.B. der Farbe Rot. Mit deren größeren Freiheitsgraden der Kreisel, einer größeren mittleren Weglänge der Stoßpartner, ergibt sich eine größere evtl. ungeordnetere oder einen größeren Ausschlag der Bewegung des Kreisels. Dies geschieht vor allem im peripheren Bereich. Dieser Bereich oder mit anderen Worten „dünnere" Dichtebereich, geringerer Füllbereich bzw. ein Bereich geringeren Druckes, einer größeren mittleren Weglänge, erzeugt das blaue Licht (siehe auch der schmälere Bereich im optischen Prisma, die Luftdichte in der Atmosphäre bzw. im Bereich mit der niedrigeren Luftdichte am Regenbogen (abgesehen von der erneuten Wasserspiegelung des Bogens), im niedrigeren Bereich der Luftdichte am

Kerzendocht, beim Dopplereffekt-rückseitig). Diese dynamischen Strukturen können mit "Tunnel" verglichen werden. Ein sich ausbreitender Impuls durch den dynamischen "Tunnel" erhält mehr Reflexionen an den "Wänden", wenn diese nicht in einer Linie bzw. linearisiert sind.

Der Widerstand sinkt, wenn die betroffenen Elemente geordnet ausgerichtet sind.

"Streuungslinearisierung, als ein grundlegendes Prinzip, ist, zusätzlich zum Thema Licht, auch auf die Kombination von Wasserstoff und Sauerstoff anwendbar. Wasserstoff ist vorstellbar als Röhre (teils abgeflacht), die in das Sauerstoff-Element eingeschwemmt oder mit dem verbunden sind. Dieser Komplex insgesamt bildet unter bestimmten

Bedingungen verschränkte Formationen mit anderen Molekülen. Besonders rotierende Bewegungen fördern eine Verknüpfung der Materieelemente, die oft entgegengesetzt ausgerichtet sind (siehe gebogene Molekülfortsätze an Wasserstrukturen).

Eine weiteres grundlegendes Prinzip, neben der Materieformation durch einen Materialspalt, ist die Reflektion. Ein großer Teil der biologischen Systeme ist dank der Reflektion und der sich daraus ergebenden Materieansammlung in der entgegengesetzten Richtung symmetrisch.

Andere Geometrien für oszillierende Strukturen oder Resonanzen sind denkbar (siehe Abb. 9).

Abbildung 9: Geometrie einer oszillierenden Struktur für ungebundene Materialelemente, einschließlich einer Lücke in einem richtungsgeteilten äußeren Strömungfeld

Nehmen wir nun erneut an, dass diese „Lichtträger“ aus der Sonnenfusion als Strahlung entstehen, sich ablösen und auf der Erde auftreffen, dann entsteht in der direkten optischen Verbindung eine Intensität, die wir als hell empfinden. Eine Anhäufung mit den entsprechenden, wie oben beschrieben, Kollisionen, Reflektionen und der folgenden

Temperaturerhöhung führt zum sichtbaren Effekt. Gleichzeitig sind um die Erde weiter entfernte Sonnen verteilt. Auch diese senden die gleiche Strahlung bzw. „Lichtträger“ aus. Die Intensität kann entsprechend der Entfernung und den möglichen Strömungsaufteilungen entsprechend geringer sein. Ein Auftreffen dieser „Lichtträger“ führt aufgrund der geringeren Intensität bzw. Anhäufung nicht unbedingt zur oben beschriebenen Erwärmung, Ionisierung und Entladung. Es lässt sich, neben einzelnen Materieelementen wie Neutrinos, somit als „dunkles Licht“ oder auch „dunkle Materie“ bezeichnen. Die „dunkle Materie“ wird im folgenden noch einmal in den Zusammenhang mit „Verbrennungsasche“ gesetzt. Dem Gedanken folgend müssten sich diese Lichträger bzw. die Asche auf der Erde ansammeln. Das Element das am häufigsten auf der Erde auftritt ist Silizium. Ein Blick auf diesen Material als Reinstoff genügt um sich dieser Vermutung anzuschließen.

Wenn wir Materieelemente als ungebundene, verschiedene, in verschiedenen Größen und Ebenen betrachten, beweglich, rollend, drehende kleinere Elemente, erhalten wir eine dynamische Struktur. Wenn diese Strukturen von einer Verschiebung oder Impuls getroffen werden, erhalten wir eine Transfer-Struktur, die die Verschiebung weiterleitet. Eine solche Transferstruktur, die von einem Punkt aus angeregt wird, wird eine starke Wechselwirkung in dieser ungebundenen Kette hervorbringen. Nennen wir die ungebundenen oder rollenden kleineren Materieelemente Elektronen, kommen wir in der elektromagnetischen bekannten Welt an und werden einen „Übergang“ zur Gesamtsystematik finden, den Einstein anstrebte.

3.3 Austretende Mikro- und Makrostrukturen

Das feinste Material im Weltraum, fraktionierte "Asche" wird durch die extrem hohen Verbrennungs-temperaturreaktionen erzeugt, die z. B. durch eine innere Entladung in einer Sonne, ausgestoßen werden. Zum Beispiel können "Wolken" von Wasserstofffragmenten als Komponenten die sogenannte dunkle Materie bilden. Im stetigen Strom werden diese sich anordnen. Freie Elektronen, im erweiterten Sinne, ohne Entladung erscheinen als (dunkle) Materie. Diese Elektronen können mit dem Träger verbunden sein oder auch durch Stoßprozesse diesen verlassen. Elektronen werden in dieser Betrachtung als erweiterter Begriff angesehen. Aus der Sicht des Autors ergeben sich verschiedene Größenordnungen dieser Elektronen (siehe Größendifferenzen in den festgestellten existierenden heutigen Messungen). Ein Neutrino wurde im Zusammenhang mit Energie-abstrahlungen bzw. dem Verlust beim Atomkernzerfall und speziell als nicht geladenes Teilchen definiert. Im Sinne dieser Betrachtung würde man es als Materieabstrahlung als neutralen Teil der rotierenden Masse ansehen. Da das Proton als Kreisel, damit als stationäres rotierendes Materieelement angesehen wird, kommt dieses gemäss dieser Betrachtung, neben einem Neutronen-zerfallsprodukt, als Neutrinoquelle in Betracht. Aus dieser Betrachtungsweise, eines „Bruchstückes„ eines Protons wird davon ausgegangen, dass es keine einheitliche Neutrinogröße gibt. Dies stimmt mit aktuellen Diskussionen über Neutrinogrößen und der Masse überein. In der Vergangenheit erfahrene Unterschiede zur Größenbestimmung mögen auf Bestimmungen aus verschiedenen Betrachtungsachsen hervorgehen. Ein längliches Materieelement unterscheidet sich deutlich in der Bestimmungsgröße zwischen der Längs- und der Querachse. Im weitesten Sinne ist nach dem Austritt eine Unterscheidung zu den Elektronen bzw. einer Teilmasse der Elektronen schwierig. Für eine zukünftige Systematisierung schlägt der Autor eine Unterscheidung aufgrund der Form vor. Elektronen wird die beschleunigbare Kugelform zugeordnet. Für den damit einhergehenden Größenbereich des

Radius muss eine entsprechende Festlegung durchgeführt werden.

In der anderen Größenordnung kann stabilere transparente Materie durch gefrorenes Wasser entstehen, das von Planeten, die ihre Atmosphäre verlieren, abgetragen wurde. Eisfelder könnten die Form einer Kombination aus einer konvexen „Linse" in einer Ebene haben und z. B. dadurch eine runde Reflexion/Spiegel mit einem deutlichen Kreis um einen inneren vagen Bezirk erzeugen. Analog sind die konkaven Eisformationen vorhanden. Diese Eisformation, erkennbar als reflektierender linsenartiger Abschluss, ist auch auf zylinderförmigen schwarzen Löchern erkennbar/vorstellbar. Einschlüsse im Eis können als

Entladungskanal wirken und durch das Auftreffen eines Elementarteilchen als Lichtkanal sichtbar werden.

Beispiele für beobachtbare reflektierende Ebenen (siehe auch "Schwamm"-Eindruck [9]) sind bekannt.

Im Mikrobereich kann dieses Wasser, höchst komprimiert in Kernmaterie gefunden werden. Eine übergeordnete Bezeichnung für inhomogene Materieeinschlüsse sind Quarks.

3.4 Konglomerat und Extruder

Als Ergebnis der Strömung bilden sich Material Konglomerate in den Senken, welche durch das umgebende Material wirksam sind. Betrachtet man das aus der Ferne, erhält man den "Schwamm"-Eindruck [9].

Die Kraft oder Abstoßung, wie z. B. die „elektrostatische"/ "magnetische" Kraft, thermische Effekte, ein stauchen durch Explosionen/Kollisionen und mechanische Faltung, entwickelt sich, gem. Kap. 2, aus jeder Raumveränderung im Strömungsfeld, die als Laufzeit verändernder

„Polarisationsfilter“ wirksam ist. Der Raum beginnt direkt hinter der Quelle der Verdrängung/Verschiebung.

Eine teilweise steifere Oberfläche oder strukturierte Oberfläche mit "Rissen" (weniger steif), wie wir sie z. B. auf der Sonne (vgl. auch [2]) oder einer Glühwendel beobachten, erzeugen Effekte als gebogenes Gitter. Die transversale Projektion/Interferenz eines gebogenen Rasters in verschiedenen Dimensionen liefert einen Brechungsspalt, der das Material aufsummieren kann. Viele unterschiedliche Formen können, z. B. einen Kegel mit Erweiterungen als Strings (verkettet als hier benannte Super Strings), erzeugt werden, die heutige vorhandene atomare Konfiguration gebildet haben.

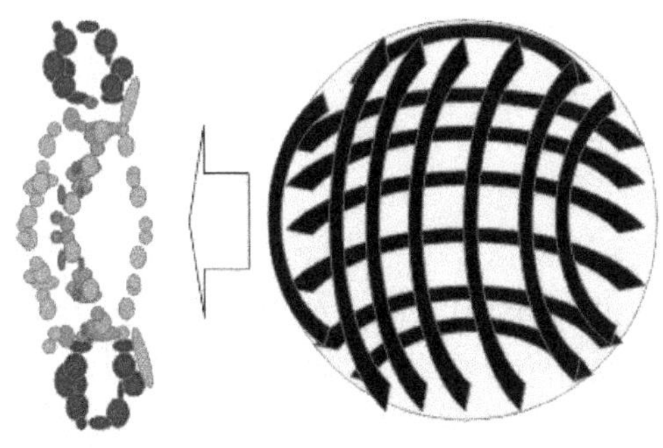

Abbildung 10: Materieformbildung

Abbildung 10 zeigt ein Beispiel als Ausschnitt einer Material Bildung durch den Austritt aus einer Oberflächenstruktur- das "<u>extrudierte</u>" Material ist in der Darstellung um 90 ° für eine bessere Visualisierung gedreht.

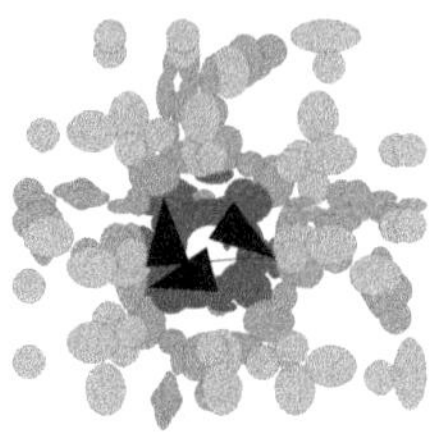

Abbildung 11: Teilansicht von Abbildung 10

Abbildung 11 zeigt z.B. einen Abschnitt von Abbildung 10 der erzeugten Materiedarstellung von der Austrittsoberfläche aus betrachtet. Die entstandenen Materialketten, bedingt durch die erzeugenden Spaltbegrenzungen und dem ersten Einfluss der Streuungslinearisierung, eröffnet gleichzeitig Räume in der Struktur (oder Blasen). Diese

Materialanhäufungen zwischen den vorhanden Räumen oder eingeschlossener Materie lassen sich als Quarks benennen/ interpretieren.

Durch das durchqueren einer Oberflächenstruktur kann die „Ladungstrennung“ z. B. durch Reibung entstehen. Aufgrund der experimentellen Erfahrungswerte in der Vergangenheit, muss der Abstand zwischen dem Kern und den umgebenden Elektronen größer sein als in der Abbildung 10 dargestellt. Es wird davon ausgegangen, dass die "Schlitzstruktur" im Bezug zum „Austrittskreuz“, das den Kern entstehen ließe länger ist. Des weiteren kann von variierenden Kantenhöhen aus-gegangen werden. Auf der anderen Seite würde eine gewickelte Struktur (siehe auch Abbildung 1, nun als Beispiel für eine neutrale nicht rotierende Materie betrachtet) die Abstände deutlich reduzieren. Es kann davon ausgegangen werden, dass es viel mehr Elektronen gibt als Kernelemente, die in den neutralen Strukturen eingebettet sind und auch freigelegt werden können.

Die verfügbare Materie im Raum und die „Austrittslücken" ermöglichen die Bildung von vielen verschiedenen geformten Materialansammlungen (vergleiche Abbildung 11).

Das "extrudierte" Material, das einen Spalt durchquert, kann in Relation zu den sogenannten "Strings" gesetzt werden. Ohne eine Zustandsänderung in der

Querrichtung zur Ausbreitungsrichtung oder eine einen Grenzwert überschreitende Änderung in der Materialzuführung bilden sich lange entstehende Materieketten. Individuelle Kettenformen entstehen, wenn sich andere Materie bereits verfestigt hat und die neue sich in deren Richtung ausbreitet (siehe Abbildung 12).

Abbildung 12: Materie Formation an einer bereits verfestigten Materialstruktur

Aufgrund von Temperatur-, Druckveränderungen und Materialinhomogenitäten in der produzierenden Quelle, erhalten wir einen instabilen Materialfluss. Das extrudierte Material erhält dickere und dünnere Materialketten.

Wenn es in der darunterliegenden kühleren Schicht zu regelrechten Explosionen kommt, breitet sich an manchen Stellen breit eine vorhandene Energie aus und entlädt sich innerhalb weniger Minuten in Temperaturausbrüchen z.B. um 100000 Grad.

Materie, die sehr strukturiert und homogen ist, wird normalerweise in einer Sternexplosion, als komprimierter Kern produziert. Die expandierenden Verschiebungen bewegen sich meist im Zentrum in ähnlichen/den gleichen expandierenden Richtungen. Dies kann in Relation zur sogenannten "Supersymmetrie" gesetzt werden.

Starke Reaktionen aber auch biologische Strukturen produzieren, wie beschrieben z. B. als Staub und Wasserelemente, als Nebenprodukte, die Abdriften und Sedimente bilden.

All diese verdrängende Materie kann zusammen mit dem Einfluss von bereits gebildeten Konglomerat neue Formationen entstehen lassen.

Verschiedene bereits verbundene Materialstrukturen im Raum verändern die Strömung in der Umgebung und lassen andere Formen der Anhäufung entstehen.

Die Nähe zu einer großen drehenden kugelsymmetrischen Masse z. B. ändert eine weitere Materieansammlung in Form eines drehenden Kreises z.B. in die bekannte Kegelform.

Das Strömungsfeld erzeugt die Drehung mittels der vorhandenen Masseninhomogenitäten.

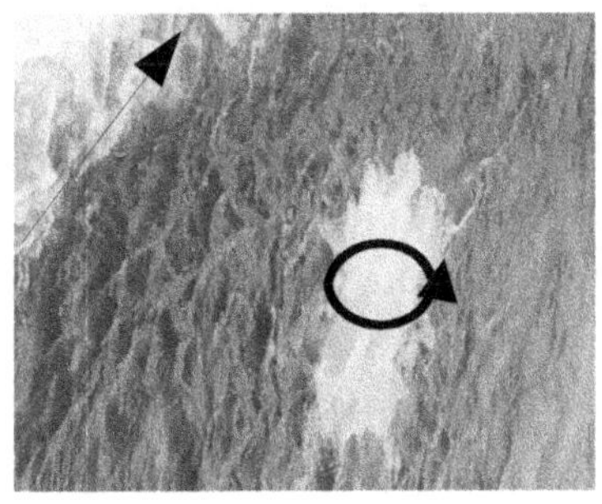

Abbildung 13 Senkenwirbel

Durch die Nähe zu einer "sammelnden" Masse, die eine Abwärtsströmung in einem Strömungsfeld produziert, entsteht eine Kegelform, eine elliptische Umlaufbahn, ein Kippen, Pendeln, ein spiralförmiges drehendes „Rad" etc. (vgl. Abbildung 14). Die Strömung um die "sammelnden" Massen kann Ungleichgewichte erhalten. Das "Sammeln" basiert auf der Änderung der einzelnen Materialflussrichtungsvektoren aufgrund der spezifischen Oberflächenstruktur der Masse.

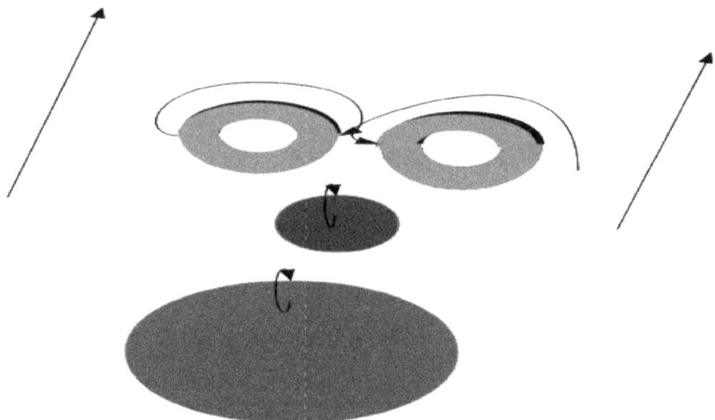

Abbildung 14: Je nach der Beschaffenheit der Oberflächenstruktur und Anordung entstehen in der Nähe zu einer "sammelnden" Masse verschiedene Formen der Materieansammlung

Eine Visualisierung zum Strömungsfeld wird analog zum strömenden Wasser in einem Wasserfall angenommen. Die Kraft spürt der Beobachter nicht solange er sich mit dem Wasser bewegt. Erst wenn er im Wasserfall steht oder sich aufrichten möchte, spürt er die wirkende Kraft des fallenden Wassers.

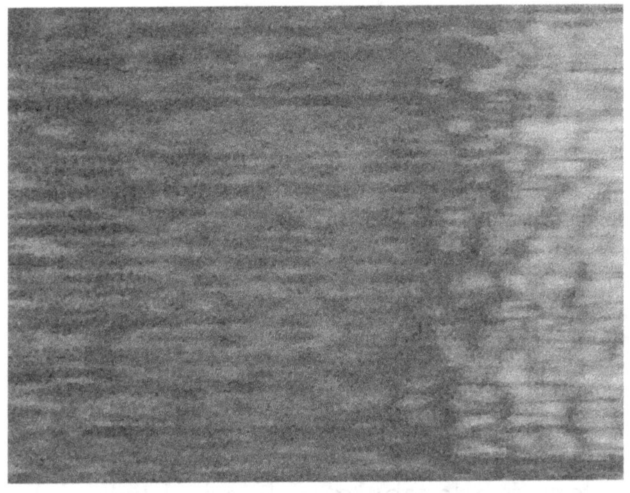

Abbildung 15: Strömendes Wasser im Wasserfall

3.5 Big Bang und rotierende Galaxien

Nach dem fundamentalen Prinzip bleibt die Energie im Gesamtsystem konstant. Zu einer Quelle gehört eine Senke, wie bei der „Energie“Abstrahlung/Absorption und der Fusion. In Anbetracht der Sichtweise verteilter Quellen und Senken, ist kein zu erwartendes großes Zusammenziehen („big drop“) und keine unendliche Raumexpansion wie in der Big Bang Theorie beschrieben notwendig. In Wirklichkeit existiert eine ungestörte Lagrange- Umlaufbahnstabilität nicht und kann erklärt werden. Eine homogen durchströmte Umlaufbahn entspricht nicht der realen Situation.

Aufgrund der unterschiedlichen strömenden Quellen und Richtungen können die registrierten entgegengesetzten Rotationsrichtungen von Galaxien verstanden werden. Die von der Quelle erzeugte Verschiebung wird durch die transportierte Masse und Abstrahlung übernommen, um die Energie Äquivalents zu erfüllen. Je nach der initiierendem Verschiebungs-

Eigenschaft Quelle bildet sich eine Verteilung oder Konglomerat der Formationen von Materie aus.

In Anbetracht dessen, dass das Strömungsfeld wegen der verteilten Quellen aus verschiedenen Richtungen kommt, zusammen mit der Bindungskraft und der erodierenden Wirkung an allen Rändern, ist die resultierende geometrische Formation die Kugel (abgesehen von unsymmetrischem Grundmaterial). Der wieder zusammengeführte verbundene Materieraum ist frei von ausdehnenden Kräften (Abb. 4), besonders wenn die geometrische Form der Materialien geeignet ist, zeitweilige Freiräume dazwischen zu schließen (zwei, drei usw. Kreise eignen sich nicht wirklich, um die Lücke dazwischen vollständig zu schließen, kleinere Kreise können immer nur die Lücke ein wenig besser ausfüllen aber nicht schließen. Somit versteht sich der Charakter der Kreiszahl Pi als eine unendliche Zahl. Nebenbei bemerkt, wird der Charakter der Primzahl in diesem Zusammenhang als Undurchdringbarkeit, Knotenpunkt oder Winkelüberstand, d.h. ein orthogonales Stabpaar ist nicht direkt am abschließenden Ende verbunden, definiert. Dieser Überstand erzeugt gleichzeitig die Möglichkeit aus verbundenen und einzelnen Stäben ein Kristallgitter zu erzeugen. Es genügt bereits eine Abweichung durch eine Elementverbindung um als Stappelaufpunkt zu dienen.

Bei Zahlen bis 1000 ergibt sich ein ca. Verhältnis von 80/20 für Primzahlen. Diese 20% der Undurchdringlichkeit wären als geschlossene Materie anzusehen, in dieser Auslegung als Materie, die nicht von kleinerer Materie durchdrungen würde. Der Ansatz erscheint aber nicht unbedingt als weiterführend, da dieses Verhältnis wohl nur in engen Grenzen richtig ist.

Die äußeren Komponenten der Strömungskräfte bewegen sich in die entgegengesetzte Richtung und bilden einen Wirbel. Beidseitig umströmte äußere Bezirke komprimieren die Inneren Bezirke. Die Kompressionskraft ist wirksam. Dies ist hauptsächlich verantwortlich für die Bildung von Materie Konglomeraten (Vergleiche Abbildung 4). Die Materieansammlungen stören den Fluss des Strömungsfeldes und zwingen andere Materie, die ursprüngliche Trajektorie/ Umlaufbahn zu verlassen. Die horizontale Kraftkomponente in Bezug auf die Fließrichtung ist, näher an einem relevanten Materie Konglomerat, stärker. Umgekehrt kann durch eine Materialverbindung die wirkende Kraft an dieser Stelle stärker werden und damit das Material abtransportiert werden. Eine Aufweichung von wasserlöslichen Kristallstrukturen ist so vorstellbar.

Ein offensichtlicher analoger Effekt zur Ablösung und Anlagerung kann täglich in einem fließenden Fluss hinter jedem Felsen oder Brückenpfeiler beobachtet werden. Es sammelt sich Material als Kies auf der Rückseite dieses Material "Extrema" an. Ein Material Extrema kann ein Schwarzes Loch vom Typ „Kegel“ sein. Das Material Extrema fungiert als Sammelmasse in der Nähe. Die Rückseite ist von der Quelle durch das

Material Extrema vergleichbar mit dem Pfeiler getrennt. Bells Ansicht [6] das die Quantenmechanik die Ungleichheit zu verletzen scheint, kann mit dieser Theorie erklärt werden. Eine Menge von verschränkten Partikeln ist ohne einen lokalen Effekt zwischen ihnen, über eine Gitterstruktur oder die identische Strömung verbunden.

Die einleitenden Effekte als Aufpunkt für Extrema sind als Sammelpunkte für Materialverschiebungen aus verschieden Richtungen zu sehen. Es eignen sich temperaturbedingte Verbindungen, Materialeinschübe, Übergänge wie "elektrostatische" Kräfte und anschließende atomare Bindungseffekte zu Konglomeration.

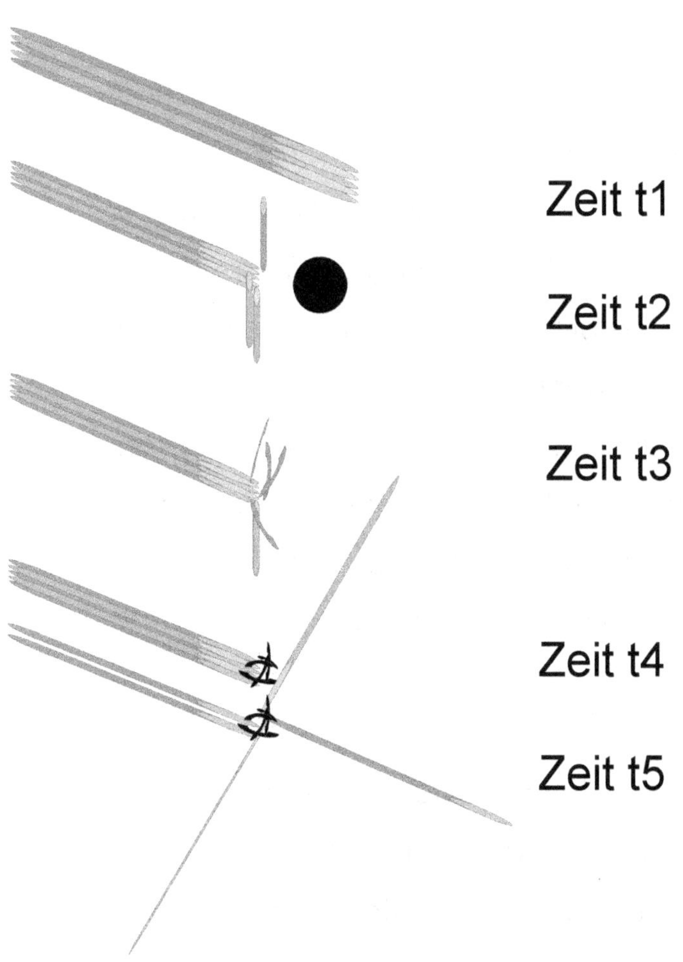

Abbildung 16: Lokale Bindungseffekte durch einen Aufprall

Der durch die Umgebungsänderung von Elementarteilchen erzeugte Materieeinfluss ist viel kleiner, da diese selten als „Polarisationsfilter“ fungieren können (vgl. Neutrino, ausgedehnter abgelöster neutraler Teil eines rotierenden Protons und in der Definitionserweiterung eines Elektrons). Dabei hat die Rotationsrichtung, die zu Unterscheidungen von Positronen und Elektronen führte keinen Einfluss.

Die Materie Struktur ist wesentlich für die Geschwindigkeit der Verteilung. Diese Reflexionen, die anfängliche Kraft und die "Impulsleiter"/Ausbreitungseinfluss beeinflussen das Strömungsfeld, wie wir es in unserer Milchstraße beobachten. Die Quellen und die Senken sind weit verbreitet im Raum und ändern ihre

Amplitude. Aus diesem Grund erhalten wir in der Milchstraße lokale Hauptformen wie Spiralen, Wolken etc. die gleichzeitig hauptrichtungsgebend sind oder durch die äußeren Hauptrichtungen vorgeben sind. Reflexionen erzeugen Veränderungen der Rotationsbahnen wie z. B. die Änderung der Mond Ekliptik. Der identische Effekt und der Wirkung von strukturierten Materialformationen der (längs-, tranversal-) Strömungsfeld Kräfte, unter wechselnden Bedingungen, lässt sich auf die Verteilung von Galaxienformen und Rotationen übertragen. Dieser Effekt geschieht in der Sub-Nano-Welt wie in großen skalierten Dimensionen. Diese Rotationen können neben dem Einfluss auf Materialbildungen, gleichzeitig als Milchstraßen "Spirale", dem Effekt der Mondrotation auf die Erde, auf der Erde in einer zweidimensionalen Projektion aus dem 3D-Rotationsereignis, wie z.B. die Wicklungen eines Flusses (2D), den Wurzeln (3D), Huygens "Interferenz Proben ", Mandelbrot usw. beobachtet werden. Starke Rotationen erzeugen ein schwarzes Loch (falls es nicht durch eine einseitige Explosion entstanden ist) oder erzeugen einen Stern.

Wenn die Erdrotation immer noch ein Überbleibsel aus dem Urknall wäre, wieso würde die Reibung zwischen der Erde und der Atmosphäre nicht die Rotationsgeschwindigkeit reduziert haben- die Coriolis Kraft beeinflusst die Atmosphäre und nicht den Planeten. Der reine Bestrahlungseinfluss durch die eine Sonne im Sonnensystem sollte zu einem anderen Rotationsverhalten führen.

Eine homogen gefüllte runde Material Kugel im Raum wird mit den bekannten Messmethoden nicht in allen Messpunkten eine (Gravitations-) Kraft zeigen, die mit dem Quadrat des Radius im strömenden Feld übereinstimmt bzw. abnimmt (siehe Kapitel zum experimentellen Nachweis).

Durch die Quellen und Senken Betrachtung löst sich das Problem der scheinbaren unerklärlichen unendlichen Ausdehnung. Der Effekt von größeren Materieanhäufungen im Strömungsfeld erzeugt verschiedene Strömungsgeschwindigkeiten, die den Eindruck einer beschleunigten Expansion erzeugen können.

Eine Singularität ist in dieser Beschreibung auch möglich. Diese wird repräsentiert durch die Fusion. Aus zwei Materieelementen wird eines. Mathematisch lässt sich die Definition der komplexen Zahlen dazu verwenden. Mit der Definition,

dass i*i=-1 ist (oder j in der Elektrotechnik) wird die Änderung der Fusion beschrieben. Nach dem Fusionsvorgang ist ein Element reduziert und die Fläche der beiden Elemente ist nach der Zeit ineinander übergegangen (i*i oder x*y). Ergänzt man auf beiden Seiten durch einen Faktor k ergibt sich ein Maß für die negative Verschiebung bzw. die Fusion. Dabei kann k auch die Zeit und damit auch einen Volumenfaktor darstellen.

Im Allgemeinen hängt die Ausbreitungszeit von der Trajektorie und ihren Füllelementen ab. Der

Ausbreitungsimpuls wird durch die Verwendung eines Pfades, der durch Material mit dem optimierten Masseverhältnis verbunden ist, schneller. Parallele bewegliche Elemente können sich aufteilen, wenn ein Element kollidiert und das andere sich weiter bewegt. So erhielt das ursprüngliche Element zwei Geschwindigkeiten. Die Zeit ist eine künstliche Einteilung, die beliebig gewählt werden kann. Es gibt keinen Bezug zum leeren Raum. Als Fazit haben wir eine geringe Wahrscheinlichkeit für eine Zeitreise. Die Wahl eines schnelleren Weges könnte uns einer Reflexion eines Ereignisses in der Vergangenheit näher bringen, aber wir haben nicht die Möglichkeit eines Eingriffes in das Ereignis aus der Vergangenheit.

Einsteins relativistische Berechnung wird transferiert und verbessert. Neben der Beschreibung, Anzahl und Lokalisierung der Verschiebungsquelle, auch durch Ergänzung von Materiefaktoren.

Schließlich scheint es offensichtlich, dass ein Wirbelsturm und ein dynamisches kosmisches Schwarzes Loch sehr ähnlich sind. Es ist rotierende Materie mit einem bis zu einem gewissen Grad kollisionsfreien, strukturell verteilt oder gefüllten Zentrum. Die rotierende Masse kann äußere Hohlräume aufweisen, die Reste von einer Explosion sind (siehe Abbildung 17).

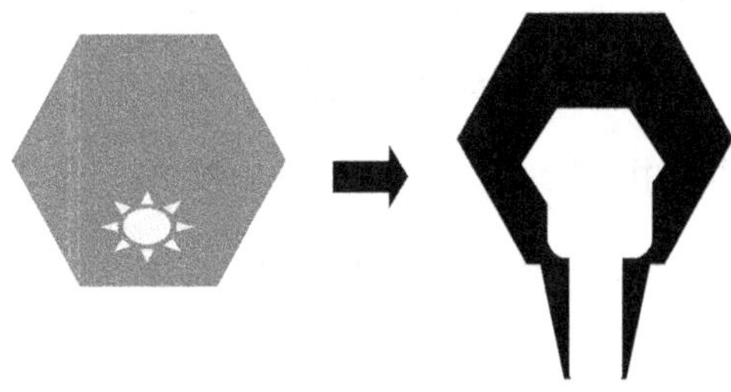

Abbildung 17: Rotierende Materie mit einer Öffnung nach einer unsymmetrischen Explosion

Aus Materie in einer anfänglich rotierenden Ringform entsteht ohne die Nähe einer anderen großen Masse oder kreuzender Strömung kein Volumenkörper. Die Nähe von zwei zusätzlichen gleichen Massen oder unterschiedlichen Massen, die durch die Entfernung kompensiert werden, kann die Ringform in der Mitte verändern und in einen statischen "Twister" oder Kegel überführen. Die Betrachtung in das Innere des Kegels zeigt sich der schattierte Bereich schwarz, falls keine Kollisionen stattfinden und keine thermischen oder Blitzeffekte vorherrschen.

Es wird davon ausgegangen, dass der Blitz größtenteils frei von dem auf Erden erlebten Donner ist. Der Donner ist die Folge von umliegenden verbundenen oder verschlungenen molekularen Luft/Wasser Strukturen, die zerreißen. Die verschlungenen Moleküle bilden Strukturen wie Spiralen und Kanäle die für fallende bzw. sich ausbreitende Elektronen oder teilweise Entladungen, den Ausbreitungsraum bilden. In einer bewegten, gefüllten Umgebung ist die

Wahrscheinlichkeit für eine Gesamtreflexion geringer als eine teilweise Änderung der Richtung der Elektronenflugbahn bzw. Ausbreitungsrichtung. Daher hat die Ausbreitung im Raum, mit vorhandenen kreuzenden Strömungen, eine hohe Wahrscheinlichkeit, eine spiralförmige Bewegung zu entwickeln. Wenn die Umgebung zum Ausbreitungskanal nicht dicht mit dieser Art von Molekülen gefüllt ist, wird die Folge, der Donner, von dem bekannten Mechanismus in unserer Atmosphäre abweichen.

Verfügbare Materialien wie H, O und Platin können ähnlich wie eine Brennstoffzelle funktionieren, die Wärme und Elektrizität, die einen Massestrahl, Lichteffekte und Radioaktivität erzeugt.

Wenn der Massestrahl senkrecht zur Drehrichtung austritt, erhalten wir einen Pulsar-Charakter der rotierenden Materie. Verschiedenste Formen der Austrittszonen sind vorstellbar. Ein schmaler länglicher Schlitz erzeugt eine „Strahlungsbalkenerscheinung“, sowie die Reflektion auf einer länglichen Materieansammlung wie z.B. ein Ellipsoid.

Ein im Strömungsfeld befindlicher an den Enden gebogener Zylinder eignet sich zur Erzeugung einer rotierenden Kugelform im unmittelbaren Einflussbereich.

Ein durch Strahlung erzeugter gerichteter Impuls kann Schichten des Material anheben. Ein bestehender drehender Torus kann durch die gerichteten vertikalen Bewegung als vertikal rotierend, mit spiralförmigen Rotationen oder mit anderen Worten, wie ein Korkenzieher geformter Drehtorus gesehen werden. Die Vertikalströmung wird als Nebenrichtung zur Rotationsachse, d.h. senkrecht zur Rotationsrichtung, je nach Drehrichtung, auch ungebundene Materie „absaugen“, wenn der Kegel offen ist, vergleichbar mit einer rotierenden Hufeisen/Omega Form.

Die rotierenden Objekte mit der oben beschriebenen Vertikalströmung können von "übrig gebliebenen" Sternen als komprimierte „Schmelze“, teilweise oder ganz überlappt werden und als Hintergrundquelle dienen. Diese werden in einer Beobachtungsrichtung als blinkende Quelle (Pulsar) wahr- genommen. Komprimierte Masse Ringe als schwarze Löcher und andere eine Verschiebung erzeugende Objekte beeinflussen das Strömungsfeld und die Materialverteilung.

Das Drehen der Spiralschleife, ähnlich zu der in Abbildung. 18 dargestellten, erzeugt einen konstanten strömenden Materie bzw. Plasmastrom mit einer verteilten der Spiralwellen folgenden Verzögerung bzw. Überlagerung gegenüber der Hauptwellenfront, abhängig von der Spiralgröße.

Sternexplosionen werden in Bezug auf die gewonnene Masse eines Sterns und gestörte innere Prozesse gesehen. In der Zeit des Wachstums eines Sterns aufgrund dem Zufließen eines

Materiestroms in der Umlaufbahn und der anschließenden Verdichtung steigt die angesammelte Sternmasse. Aufgrund der sich erhöhenden Temperaturen im inneren entsteht sogenanntes Plasma. Diese rotierenden Plasmaströme erzeugen elektromagnetische Felder und eine geordnete bestimmte Struktur. Möglich, aufgrund des entsprechenden äußeren vorhanden Strömungsfeldes, ist eine Schichtstruktur, d.h. die Plasmaströme sind in nach der Größe übereinanderliegenden Ringen angeordnet. Eine andere Schichtung kann entsprechend im Winkel verändert sein und die erst beschriebene zu einem gewissen Zeitpunkt durchkreuzen. Wenn das Strömungsfeld aus verteilten Richtungen mehr Materie zuführt bilden sich die Ringkonglomerate- die

Vereinigung von Einzelringen. Als Beispiel siehe Abbildung 18 und 19.

Abbildung 18: Mehrere ringförmige, geschichtet und teils verschlungene rotierende Plasma Ströme

Abbildung 19: Seitenansicht mehrerer ringförmiger, geschichteter Plasma Ströme mit gekippten kleineren begleitenden seitlichen Plasma Strömen (eingefügte Pfeile als Beispiele für die Drehrichtung).

Neben der Konglomeratentstehung kann das „Füttern" dieser inneren Strömungsstrukturen mit mehr Materie auch zum Kontakt zweier entgegengesetzt rotierender Ringe führen. Dies impliziert eine abrupte Änderung der strömenden Richtung. Wenn alle Parameter bestimmte Schwellenwerte überschreiten (Erklärung für bestimmte notwendige

Materiegrößenanhäufungskategorien),
führt dies zu einer Explosion oder sogenannte Supernova.

Es scheint wahrscheinlich, dass aktive Sonnen mit inneren rotierenden Plasmaströmungen ihre direkte Umgebung beeinflussen. Es entsteht neben der radialen Verteilung, eine starke tangentiale Materieverschiebungskomponente. Diese Komponente wäre neben der inhomogenen Oberflächenstruktur verantwortlich für Perihel Rotation von den umliegenden Planeten.

Wenn man bedenkt, dass der Effekt durch die Wirkung der Masse allein nicht die Ursache für die Zusammenballung der Masse ist, kann die Stabilisierung unserer Galaxie schwieriger vorhergesagt werden. Durch die verringerte Vorhersagbarkeit ist möglicherweise die Reaktionszeit nicht in dem Maße gegeben wie es bisher angenommen wurde. Aus diesem Grund ist ein rechtzeitig vorbereiteter organisierter effektiver Meteoriten Schutz der Erde vernünftiger.

3.6 Die zu beweisende Theorie

Neben den aufgezeigten Argumenten zu einer nun geschlossenen theoretischen Betrachtung (Hauptsätze der Thermodynamik, Fernwirkung, etc.) wird bereits hier in einigen Beispielen darauf hingewiesen, wie ein praktischer Beweis für diese Strömungsfeldtheorie geführt werden kann:

Die Anordnung von Dipolen an der Oberfläche und die zusätzliche Kompression des Wassers an dem ca. 4 °C Punkt kann nicht vollständig mit einer radialsymmetrischen Anziehung der Einzelmoleküle erklärt werden, sondern mit dem gerichteten Strömungsfeldeinfluss in Verbindung mit der Materialstruktur. Die notwendige Ausrichtung der Elemente würde nicht nur wegen einer reduzierten Bewegung aufgrund der Temperatur um die 4°C stattfinden.

Bei einer weiteren Temperaturabnahme werden die einzelnen Elemente durch eine neue Ausrichtung der (inneren) Rotationskörper stärker gebunden (Wasserstoff). Um dieses als experimentellen Beweis zu verwenden, würden wir den Strömungsfeldeinfluss abschirmen müssen. Dies ist bisher nicht gelungen...

Ein vergleichbarer Effekt findet beim Bau der Blasenwand statt. Das Material richtet sich im Strömungsfeld aus (vergleiche die beschriebene Streuungslinearisierung) und die Blasenwand erhält aufgrund der atomaren Sauerstoff Form/

Verbindungszonen eine gekrümmte Form. Beim Zusammenprall zweier Blasen in der Erdatmosphäre bildet sich die resultierende Trennwand meistens als Senkrechte.

Ein homogener "Globus“ oder Massekugel im Raum, wird durch eine Gravitationsmesssonde vermessen werden. Es wird erwartet, dass das Ergebnis von der radialsymmetrischen Verteilung einer berechneten „Anziehungskraft“ um die Massekugel abweicht. Wir erwarten eine elliptische Verteilung der Prüfergebnisse mit stochastisch verteilten Einzelstrahlabweichungen (vgl. auch die Jakobsmuschel-Oberfläche).

Ein weiteres Experiment könnte mit flüssigem Helium in einem Tank im Weltraum durchgeführt werden. Nach der gewonnenen Erfahrung, bildet dies kein Konglomerat, wie es sein sollte, wenn die Anziehung zwischen den einzelnen Atomen wirksam wäre. In diesem Zusammenhang ist auch der „Onnes Effekt“ interessant, nachdem im Falle einer aus dem Helium hinausragende Oberfläche, sich dieses auf dieser Fläche auch gegen die Schwerkraft bewegt. Es verteilt sich nach dem Strömungsfeldeinfluss in den Tank. Für das Experiment mussten alle Parameter wie konstante Temperatur- und Druckeffekte überwacht werden.

Kapitel Zusammenfassung

Diese Kapitel führt theoretisch in die Entstehungsquellen, die Eigenschaft von Effekten zur Raumaubreitung und eine neue Sichtweise der nicht-symmetrischen Weltraumbildungstheorie ein. Die vorhanden Fusionen im Weltraum, den resultierenden Verschiebungen und Impulsquellen, die Ausbreitung der Impulse, Aufteilungen, Änderungen und Reflexionen werden als verantwortlich für ein vorhandenes Strömungsfeld bezeichnet, das eine Kraft erzeugt. Elemente in diesem Raum dienen der Ausbreitung als "Impulsleiter" und die resultierenden Kräfte in diesem strömenden Feld bündeln Massen, rotieren und transportieren diese in die bekannten Konstellationen. Die Zeit wird als definierte Einteilung angesehen. Die Kraft entwickelt sich aus jeder

Raumänderung im Strömungsfeldraum, dem Weltall, durch Kompensation von Kräften durch Massen, wobei die Masse allein nicht die Ursache für die bisherige Betrachtungsweise der Anziehung ist. Schwarze Löcher werden als rotierende und komprimierte Massen ohne eine unendliche "Gravitationskraft" gesehen.

Die Formation der Masse im Raum wird durch eine Quellen- und Senkenbetrachtung ersetzt und benötigt damit nicht einen „Big Bang“ zur Entstehung des Universums. Experimente sind für den praktischen Beweis dieser Theorie im Kapitel 3.6 definiert.

Kapitel Zusammenfassung in einer vereinfachten Schreibweise:

Diese Kapitel führt theoretisch in Entstehungsquellen, das Eigenschaft von Effekten zur Raumaubreitung und neue Sichtweise das nicht-symmetrischen Weltraumbildungstheorie ein. Vorhanden Fusionen im Weltraum, den resultierenden Verschiebungen und Impulsquellen, das Ausbreitung das Impulse, Aufteilungen, Änderungen und Reflexionen werden als verantwortlich für ein vorhandenes Strömungsfeld bezeichnet, das Kraft erzeugt. Elemente in diesem Raum dienen das Ausbreitung als "Impulsleiter" und das resultierende Kräfte in diesem strömenden Feld bündeln Massen, rotieren und transportieren diese in bekannte Konstellationen. Das Zeit wird als definierte Einteilung angesehen. Das Kraft entwickelt sich aus jeder Raumänderung im Strömungsfeldraum, dem Weltall, durch Kompensation von Kräften durch Massen, wobei das Masse allein nicht Ursache für bisherige Betrachtungsweise das Anziehung ist. Schwarze Löcher werden als rotierende und komprimierte Massen ohne ein unendliche "Gravitationskraft" gesehen.

Formation das Masse im Raum wird durch ein Quellen- und Senkenbetrachtung ersetzt und benötigt damit nicht ein „Big Bang“ zur Entstehung des Universums. Experimente sind für den praktischen Beweis dieser Theorie im Kapitel 3.6 definiert.

4 Zusammenfassung

Der Text beschriebt eine Haupthese und verschiedene Nebenthesen die sich erübrigen falls ein Argument gefunden wird, das das Gegenteil beweist. In den ca. 10 vergangen Jahren ist dies bisher nicht vorgekommen. Ansonsten wird der Text von der Projektgruppe in weiteren Ausgaben durch alle neuen Erkenntnisse aktualisiert, die auf der beschriebenen neuen Sichtweise aufbauen.

Der Text für "Das neue Verständnis der Materie Formation" bildet eine neue Systematik, die in einem Satz ausgedrückt werden kann: Materie formiert sich in der Strömung, ausgelöst durch eine Verschiebung. Diese

Verschiebung kann der Beginn einer Schwingung sein.

Die Verschiebung wird mit einem Impuls assoziiert und die Schwingung mit einer Welle oder „Spin“, je nach der Umgebung der betrachteten Materie.

Andere Verbindungen der Materie sind ein Ergebnis der genannten Systematik.

5 Weitere Links und Literaturverweise

[1] *Neue Astronomie* von Johannes Kep(p)ler (1571-1630), Unveränderter Nachdruck der Ausgabe von 1929. Oldenbourg Wissenschaftsverlag, München 1990, ISBN 978-3-486-55341-3.

[2] Le Sage (1756) "Die Verteilung dieser Ströme ist außerordentlich isotrop und die Gesetze der Ausbreitung entsprechen denen des Lichts. "

[3] Fatios (1690) "Teilchen in Richtung zz strömen, und ebenso einige Teilchen, die von C bereits reflektiert wurden, in Gegenrichtung strömen. (Fatio nahm an, dass die durchschnittliche

Geschwindigkeit und somit auch die Impulse der reflektierten Teilchen geringer seien als die der einströmenden. Das Resultat ist ein Strom, ...")

[4] M. Planck: „*Zur Theorie des Gesetzes der Energieverteilung im Normalspektrum*", Verhandlungen der Deutschen physikalischen Gesellschaft 2(1900) Nr. 17, S. 237–245

[5] W. Heisenberg: „*Über quantentheoretische Umdeutung kinematischer und mechanischer Beziehungen*" Zeitschrift für Physik 33 (1925), S. 879–893

[6] On the Einstein-Podolsky-Rosen paradox 1964 from John S. Bell

[7] Albert Einstein: Über Gravitationswellen. In: Königlich-Preußische Akademie der

Wissenschaften*(Berlin)*. Sitzungsberichte (1918), Mitteilung vom 31. Januar 1918, S. 154–167

[8] Wilbert Jan, Schwarz Harald, A New EMS Facility For The Test Of Large Widespread Systems, IEEE/EMC Washington, DC 2000, ISBN 0-7803-5678-0

[9] LARGE SCALE STRUCTURE OF THE UNIVERSE, Alison L. Coil, University of California, San Diego , La Jolla, CA 92093, Vol. 8 of book "Planets, Stars, and Stellar Systems", Springer, series editor T. D. Oswalt, volume editor W. C. Keel

Kommentare sind sehr willkommen unter: willi.oberaht@gmx.de, Ref. 387851130106

München Juli 2018

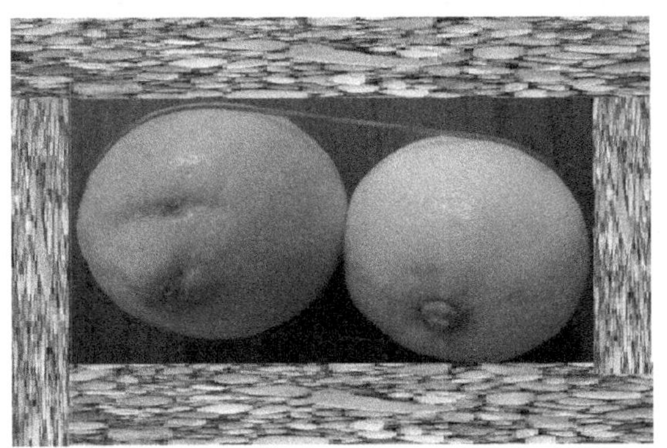

www.ingramcontent.com/pod-product-compliance
Lightning Source LLC
LaVergne TN
LVHW011712230826
846091LV00015BA/4132

* 9 7 8 1 7 2 4 2 1 2 3 1 3 *